今すぐ使えるかんたん

Windows 11

2025年最新版

Copilot 対応

北川達也 ＋ オンサイト 著

Imasugu Tsukaeru Kantan Series
Windows 11 2025：Copilot
Tatsuya Kitagawa ＋ ONSIGHT

技術評論社

本書の使い方

- ●画面の手順解説だけを読めば、操作できるようになる！
- ●もっと詳しく知りたい人は、左側の「側注」を読んで納得！
- ●これだけは覚えておきたい機能を厳選して紹介！

特長 1
機能ごとに
まとまっているので、
「やりたいこと」が
すぐに見つかる！

特長 2
基本操作
赤い矢印の部分だけを
読んで、パソコンを
操作すれば、難しいことは
わからなくても、
あっという間に
操作できる！

特長3
やわらかい上質な紙を使っているので、開いたら閉じにくい！

● 補足説明
操作の補足的な内容を「側注」にまとめているので、よくわからないときに活用すると、疑問が解決！

 解説　補足説明
 ヒント　便利な機能
 重要用語　用語の解説
 応用技　応用操作解説
 ショートカットキー　タッチ操作
 補足　補足説明
 注意　注意事項
 時短　時短

特長4
大きな操作画面で該当箇所を囲んでいるのでよくわかる！

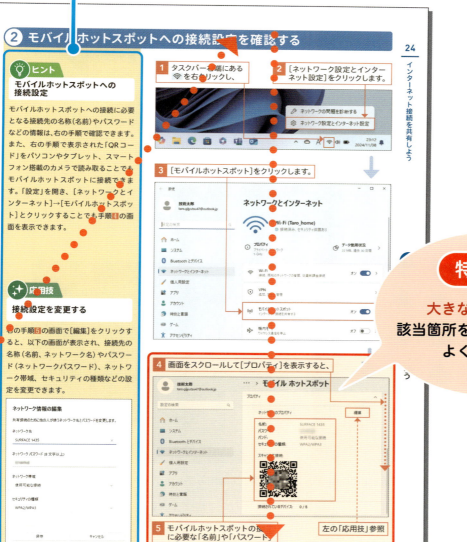

Windows 11の新機能

NEW 1 進化が加速する、見逃せない数々のAI機能！

最新のWindows 11は、AIがより広範囲な分野へと進化し、その活用を数多くのシーンでサポートしています。中でも注目されているのが、一定以上のAI処理性能を備えた**「Copilot + PC」**と呼ばれるパソコンでのみ利用できる**AI支援を活用した機能**の数々です。

Copilot + PC Surface Laptop

Copilot + PCでは、Windows 11標準搭載のAIアシスタント機能「Copilot in Windows」や「Edge in Copilot」機能だけでなく、「リコール※」「ライブキャプション※」「Windows Studio エフェクト※」「Image Creator／リスタイル」などAI機能が利用できます。

リコールは、パソコンで行った操作を**自動で記録**しておき、**検索**できるようにする機能です。**ライブキャプション**を利用すると、動画などの音声を**リアルタイム**で**翻訳**し、画面上に表示できます。また、**Image Creator／リスタイル**を利用すると、**自然な言葉**で**写真やイラストを生成**できたり、オリジナルな写真のデザインを変更したりできます。

「フォト」アプリから利用できる、Image Creator機能。自然な言葉で写真やイラストを生成できます。

リスタイルは読み込んだ写真をもとに、AIを活用してその写真のデザイン変更などを行う機能。「フォト」アプリから利用できます。

※ リコール、ライブキャプションの機能は本稿執筆時点（2024年11月末現在）では日本向けには提供されていません。これらの機能は、順次展開される予定です。また、Windows Studio エフェクトは現時点では前面カメラのみに対応ですが、将来的には背面カメラにも対応する予定です。

従来から利用できたWebブラウザ、Microsoft Edgeから利用できる「Edge in Copilot」。Edge in Copilotは、情報の検索、閲覧中のWebページの要約、文章や画像の生成などを支援してくれます。

NEW 2 AIアシスタント「Copilot」がアプリとして独立

Windows 11に標準搭載されていたAIアシスタント機能「**Copilot in Windows**」は、独立したアプリとして提供されるようになりました。Copilot in Windowsは、「Copilot」アプリから文字入力によって、**情報の検索**、**閲覧中のWebページの要約**、**文章や画像の生成**などさまざまな作業を手助けしてくれます。

「Copilot」アプリを利用すると、情報の検索、閲覧中のWebページの要約、文章や画像の生成などを支援してくれます。

NEW 3 AIを活用した機能をアプリにも搭載

Windows 11にプリインストールされているアプリにもAIを活用した機能が搭載されています。動画編集アプリ「**Clipchamp**」には**動画を自動作成**するAIが備わっています。また、スクリーンショットの撮影アプリ「**Snipping Tool**」にはテキストアクションというOCR機能(光学文字認識機能)が備わっており、**写真などから文字情報をコピー**できます。

素材を選択するだけでAIが動画を自動作成する「Clipchamp」

写真やスクリーンショットから文字情報(テキスト)をコピーできる「Snipping Tool」

目次

第1章 Windows 11 をはじめよう

Section 01 Windows 11 を起動しよう 22
Windows 11 を起動する

Section 02 Windows 11 の画面構成を知ろう 24
デスクトップの画面構成
スタートメニューを表示する
設定を表示する
通知を表示する

Section 03 Windows 11 の作業を中断しよう 28
パソコンをスリープする
スリープから復帰して作業を再開する

Section 04 Windows 11 を終了しよう 30
パソコンをシャットダウンする

第2章 Windows 11 の基本をマスターしよう

Section 05 アプリを起動しよう 34
スタートメニューからアプリを起動する
タスクバーのボタンからアプリを起動する
アプリを検索して起動する

Section 06 スナップレイアウトでウィンドウを操作しよう 38
スナップレイアウトでウィンドウを配置する
タッチ操作やドラッグ操作でウィンドウをスナップする

Section 07 タスクビューを利用しよう 42
タスクビューでアクティブウィンドウを切り替える

Section 08 よく使うアプリをピン留めしよう 44
アプリをタスクバーにピン留めする

目次

Section 09　日本語を入力しよう 46
日本語入力に切り替える
タッチキーボードで日本語入力に切り替える
予測入力で漢字変換を行う
スペースキーで漢字変換を行う
タッチキーボードで漢字変換を行う
カタカナや英数字に変換する

Section 10　アルファベットや記号を入力しよう 52
アルファベットを入力する
特殊記号を入力する

Section 11　単語を登録しよう 54
辞書に単語を登録する

Section 12　日本語 IME をカスタマイズしよう 56
Microsoft IME の設定を行う
以前のバージョンの IME に戻す

Section 13　アプリを終了しよう 58
ファイルを保存する
アプリを終了する

第3章　ファイルを利用しよう

Section 14　ファイルやフォルダーを表示しよう 62
エクスプローラーでフォルダーの内容を表示する
タブを利用する
フォルダーを新しいウィンドウで開く

Section 15　新しいフォルダーを作成しよう 66
エクスプローラーで新しいフォルダーを作成する

Section 16　ファイルやフォルダーをコピーしよう 68
ファイルをフォルダーにコピーする

Section 17　ファイルやフォルダーを移動／削除しよう 70
ファイルをフォルダーに移動する
不要なファイルをごみ箱に捨てる

7

Section 18 **ファイルを圧縮／展開しよう** 72
ファイルを圧縮する
圧縮されたファイルをすべて展開する
特定のファイル／フォルダーのみを展開する

Section 19 **外部機器を接続しよう** 76
USBメモリー／USB HDDをパソコンに接続する

Section 20 **USBメモリーにデータを保存しよう** 78
USBメモリー／USB HDDにファイルやフォルダーを保存する
USBメモリー／USB HDDを取り外す
USBメモリー／USB HDDをフォーマットする

Section 21 **OneDriveにデータを保存しよう** 82
エクスプローラーでOneDriveにファイルを保存する
WebブラウザーでOneDriveを操作する
Windowsバックアップの設定を確認／変更する

Section 22 **CD-RやDVD-Rへ書き込もう** 88
ライブファイルシステムでデータを書き込む
マスターで書き込む

第4章 インターネットを利用しよう

Section 23 **インターネットを使えるようにしよう** 96
有線LANで接続する
Wi-Fi（無線LAN）で接続する
セキュリティの状態を確認する

Section 24 **インターネット接続を共有しよう** 100
モバイルホットスポットをオンにする
モバイルホットスポットへの接続設定を確認する

Section 25 **Webブラウザーを起動しよう** 102
Microsoft Edgeを起動する

Section 26 **Webページを閲覧しよう** 104
目的のWebページを閲覧する
興味のあるリンクをたどる
新しいタブでWebページを開く
タブを切り替える

目次

Section 27　Webページを検索しよう 108
インターネット検索を行う

Section 28　お気に入りを登録しよう 110
Webページをお気に入りに登録する
お気に入りからWebページを閲覧する

Section 29　履歴を表示しよう 112
履歴から目的のWebページを表示する

Section 30　ファイルをダウンロードしよう 114
ファイルをダウンロードする

Section 31　PDFを閲覧／編集しよう 116
PDFを表示する
選択した文字をハイライトで表示する
PDFに手書きする
編集済みのPDFを保存する

第5章　メールを利用しよう

Section 32　Outlook for Windowsを起動しよう 122
Outlook for Windowsを起動する
メールを閲覧する

Section 33　メールアカウントを追加しよう 124
メールアカウントを追加する

Section 34　メールを送信しよう 126
新規メールを送信する

Section 35　メールを返信／転送しよう 128
メールを返信する
メールを転送する

Section 36　ファイルを添付して送信しよう 130
メールにファイルを添付して送信する

Section 37　迷惑メールを報告しよう 132
迷惑メールを報告する

9

Section 38 メールを検索しよう ———————————————— 134
メールを検索する

Section 39 予定表を利用しよう ———————————————— 136
予定を入力する

Section 40 連絡先を利用しよう ———————————————— 138
連絡先を表示する
連絡先を手動で追加する
受信メールから連絡先を追加する
連絡先から送信メールを作成する

第6章 スマートフォンと連携しよう

Section 41 スマートフォンと写真や音楽をやり取りしよう ————— 144
Androidスマートフォンから写真をパソコンに転送する

Section 42 Androidスマートフォンと連携しよう ——————— 148
Androidスマートフォン／タブレットとのリンクの準備を行う
Androidスマートフォンをパソコンとリンクする

Section 43 スマートフォン連携の設定を行おう ——————— 154
パソコンで音声通話をするための設定を行う

Section 44 iPhoneと写真や音楽をやり取りしよう ————— 158
iPhoneの写真をパソコンに転送する

Section 45 iPhoneと連携しよう ————————————— 162
iPhoneとのリンクの準備を行う
iPhoneとパソコンをペアリングする

Section 46 スマートフォン連携を活用しよう ——————— 166
パソコンでSMSを送受信する
着信をパソコンで受ける
パソコンから電話をかける
Android／iPhoneの通知履歴を確認する
Androidの写真を表示する

第7章 音楽／写真／ビデオを活用しよう

Section 47 音楽CDから曲を取り込もう ———————————————— **172**
音楽CDの曲をパソコンに取り込む
曲を再生する
プレイリストに曲を追加する

Section 48 写真や動画を撮影しよう ———————————————— **176**
写真または動画を撮影する

Section 49 デジタルカメラから写真を取り込もう ———————— **178**
デジタルカメラの写真をパソコンに取り込む

Section 50 写真を閲覧しよう ———————————————————— **180**
「フォト」アプリで写真を閲覧する

Section 51 写真を編集しよう ———————————————————— **182**
写真（画像）の編集を開始する
写真をトリミングする
写真の背景をぼかす
AIで写真をリスタイルする
写真を保存する

Section 52 Image Creatorで画像を作ろう ———————————— **188**
Image Creatorで画像を生成する

Section 53 オリジナルのビデオを作成しよう ——————————— **190**
AIでビデオを自動作成する

Section 54 ビデオを再生しよう ———————————————————— **194**
ビデオを再生する
アプリを指定してビデオを再生する

第8章 AIアシスタントを活用しよう

Section 55 Copilotを使ってみよう ———————————————— **198**
「Copilot」アプリを開く
知りたいことを質問する
チャットの履歴を表示する

Section 56 文章や画像を作ってもらおう ———————————————— 202
「Copilot」アプリで文章を生成する
「Copilot」アプリで画像を生成する

Section 57 写真を調べて情報を得よう ———————————————— 206
「Copilot」アプリに写真を調べてもらう

Section 58 Microsoft Edge で AI アシスタントを使おう ——————— 208
Microsoft Edge で Copilot を利用する
Microsoft Edge で知りたいことを質問する
Microsoft Edge で文章を生成する
Microsoft Edge で画像を生成する
Microsoft Edge で写真を調べて情報を得る
Microsoft Edge でコンテンツを要約する

第9章 Windows 11 をもっと使いこなそう

Section 59 「Microsoft Store」アプリを利用しよう ———————————— 216
「Microsoft Store」アプリを起動する
アプリをインストールする
アプリをアップデートする
アプリをアンインストールする

Section 60 ウィジェットを活用しよう ———————————————— 222
ウィジェットを表示する
アプリのウィジェットを追加する

Section 61 パソコンの画面を撮影しよう ——————————————— 224
アプリのスクリーンショットを保存する
指定範囲をスクリーンショットとして切り取る
指定範囲を動画に保存する

Section 62 画像の文字をテキスト化しよう ——————————————— 230
画像の文字を読み取ってテキスト化する

Section 63 キーボードショートカットを活用しよう —————————— 232
文字情報をコピー＆ペーストする

Section 64 **クリップボードの履歴を活用しよう** 234
「クリップボードの履歴」をオンにする
「クリップボードの履歴」を利用する

Section 65 **プリンターで印刷しよう** 236
アプリから印刷する

Section 66 **音声入力を行おう** 238
文章を音声で入力する

Section 67 **文字やアプリの表示サイズを大きくしよう** 240
アプリと文字の両方の表示サイズを大きくする

Section 68 **マウスポインターの色や大きさを変更しよう** 242
マウスポインターを大きくする

Section 69 **デスクトップのデザインを変更しよう** 244
デスクトップの背景を変更する

Section 70 **Bluetooth機器を接続しよう** 246
キーボードを接続する
Bluetoothデバイスの接続を解除する

第10章 チャットやビデオ会議を活用しよう

Section 71 **Microsoft Teamsでチャットを楽しもう** 250
Microsoft Teamsを起動する
友達を招待する
招待を受諾する
メッセージを送る
グループチャットを行う

Section 72 **友人や家族とビデオ通話をしよう** 256
チャット相手とビデオ通話／音声通話を行う
ビデオ通話／音声通話の着信を受ける

Section 73 **ビデオ会議を開催しよう** 258
ビデオ会議を開催する

Section 74 **会議に参加しよう** 262
ビデオ会議に参加する
ビデオ会議への参加を許可する

第11章 Windows 11のセキュリティを高めよう

Section 75 **ユーザーアカウントを追加しよう** 266
家族用のアカウントを追加する
Microsoft Family Safetyに参加する
ファミリーメンバーの管理を行う

Section 76 **顔認証でサインインしよう** 272
顔認証の設定を行う
顔認証でサインインする

Section 77 **PINを変更しよう** 276
PINを変更する

Section 78 **サインインのセキュリティを強化しよう** 278
サインインの設定を確認／変更する

Section 79 **セキュリティ対策の設定をしよう** 280
Windows セキュリティを起動する
「セキュリティ インテリジェンス」を更新する
手動でウイルス検査を行う
検出されたウイルスを削除する

Section 80 **ネットワークプロファイルを確認しよう** 284
ネットワークプロファイルを確認する

Section 81 **Windows Updateの設定を変更しよう** 286
手動でWindows Updateを適用する
更新プログラムの適用を一時停止する
更新プログラムをアンインストールする

Section 82 **パソコンを以前の状態に戻そう** 290
「システムの保護」を設定する

第12章 Windows 11の初期設定をしよう

Section 83 初期設定をしよう ———————————————————————————— 294
Windows 11の初期設定を行う

Section 84 パスワード再設定の方法を知ろう ———————————————— 304
Microsoft アカウントのパスワードをリセットする

Section 85 Windows 11のSモードを解除しよう ———————————— 306
Sモードを解除する

Section 86 Windows 11のバージョンやエディションを確認しよう ———— 308
Windows 11のバージョンやエディションを確認する

用語解説 ——— 310
主なキーボードショートカット ———————————————————————— 312
ローマ字入力対応表 ————————————————————————————————— 314
索引 —— 316

パソコンの基本操作

- 本書の解説は、基本的にマウスを使って操作することを前提としています。
- お使いのパソコンのタッチパッド、タッチ対応モニターを使って操作する場合は、各操作を次のように読み替えてください。

１ マウス操作

クリック（左クリック）

クリック（左クリック）の操作は、画面上にある要素やメニューの項目を選択したり、ボタンを押したりする際に使います。

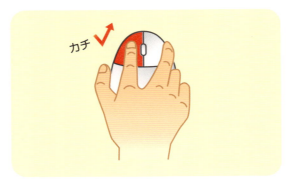

マウスの左ボタンを１回押します。

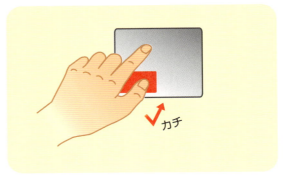

タッチパッドの左ボタン（機種によっては左下の領域）を１回押します。

右クリック

右クリックの操作は、操作対象に関する特別なメニューを表示する場合などに使います。

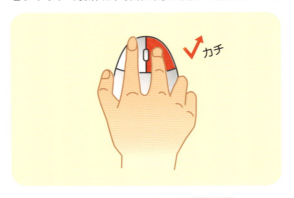

マウスの右ボタンを１回押します。

タッチパッドの右ボタン（機種によっては右下の領域）を１回押します。

🟡 ダブルクリック

ダブルクリックの操作は、各種アプリを起動したり、ファイルやフォルダーなどを開く際に使います。

マウスの左ボタンをすばやく2回押します。

タッチパッドの左ボタン（機種によっては左下の領域）をすばやく2回押します。

🟡 ドラッグ

ドラッグの操作は、画面上の操作対象を別の場所に移動したり、操作対象のサイズを変更する際などに使います。

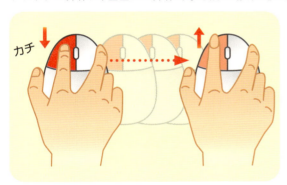

マウスの左ボタンを押したまま、マウスを動かします。目的の操作が完了したら、左ボタンから指を離します。

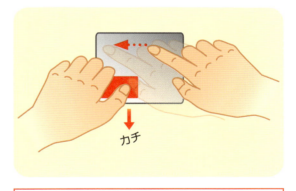

タッチパッドの左ボタン（機種によっては左下の領域）を押したまま、タッチパッドを指でなぞります。目的の操作が完了したら、左ボタンから指を離します。

💬 解説　ホイールの使い方

ほとんどのマウスには、左ボタンと右ボタンの間にホイールが付いています。ホイールを上下に回転させると、Webページなどの画面を上下にスクロールすることができます。そのほかにも、[Ctrl]を押しながらホイールを回転させると、画面を拡大／縮小したり、フォルダーのアイコンの大きさを変えることができます。

パソコンの基本操作

17

② 利用する主なキー

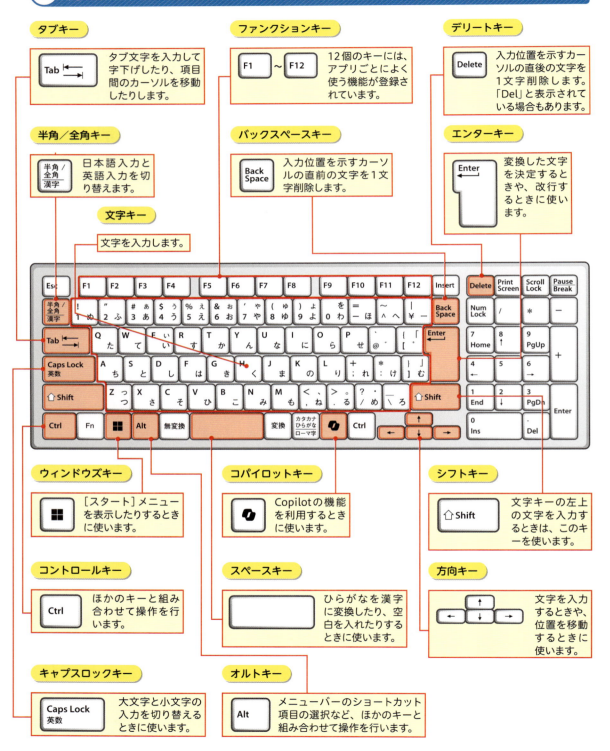

❸ タッチ操作

タップ

画面に触れてすぐ離す操作です。ファイルなど何かを選択するときや、決定を行う場合に使用します。マウスでのクリックに当たります。

ダブルタップ

タップを2回繰り返す操作です。各種アプリを起動したり、ファイルやフォルダーなどを開く際に使用します。マウスでのダブルクリックに当たります。

長押し

画面に触れたままの状態にする操作です。詳細情報を表示するほか、状況に応じたメニューが開きます。マウスでの右クリックに当たります。

ドラッグ

操作対象を長押ししたまま、画面の上を指でなぞり上下左右に移動します。目的の操作が完了したら、画面から指を離します。

スワイプ

画面の上を指でなぞる操作です。ページのスクロールなどで使用します。

ピンチイン／ストレッチアウト

2本の指で対象に触れたまま指を広げたり狭めたりする操作です。拡大（ストレッチアウト）／縮小（ピンチイン）が行えます。

回転

2本の指先を対象の上に置き、そのまま両方の指で同時に右または左方向に回転させる操作です。

ご注意：ご購入・ご利用の前に必ずお読みください

● 本書に記載された内容は、情報の提供のみを目的としています。したがって、本書を用いた運用は、必ずお客様自身の責任と判断によって行ってください。これらの情報の運用の結果について、技術評論社および著者はいかなる責任も負いません。

● ソフトウェアに関する記述は、特に断りのない限り、2024年11月末現在での情報をもとに解説しています。ソフトウェアはバージョンアップされる場合があり、本書での説明とは機能内容や画面図などが異なってしまうこともありえます。あらかじめご了承ください。

● インターネットの情報についてはURLや画面などが変更されている可能性があります。ご注意ください。

● エディションについては、Windows 11 Proで検証を行っております。なお、「Windows 11 Sモード」は、Windowsアプリのみを利用できる特別なWindows 11に用意されたモードで、アプリのインストールなどにおいて制限が施されています。SモードのWindows 11を利用されている場合は、ご注意ください。

● 本書では、特に断りのない限り、キーボードとマウスによる操作を前提として解説しています。タッチパネルを利用する場合は、19ページを参考に表記を読み替えてください。

● Copilotについて
Copilotの機能により、本書に記載されているとおりの質問を入力しても、生成された回答や結果が異なる場合があります。あらかじめご了承ください。

● 本書の表記について
本書の表記は、2024年11月末現在のマイクロソフトの公開情報に基づいています。表記は変更される可能性があります。あらかじめご了承ください。

以上の注意事項をご承諾いただいた上で、本書をご利用願います。これらの注意事項をお読みいただかずに、お問い合わせいただいても、技術評論社および著者は対処しかねます。あらかじめご承知おきください。

■Microsoft、Windowsは、米国Microsoft Corporationの米国およびその他の国における商標または登録商標です。そのほか、本書に掲載した会社名、プログラム名、システム名などは、米国およびその他の国における登録商標または商標です。本文中では™、®マークは明記していません。

第 **1** 章

Windows 11を
はじめよう

Section 01	Windows 11 を起動しよう
Section 02	Windows 11 の画面構成を知ろう
Section 03	Windows 11 の作業を中断しよう
Section 04	Windows 11 を終了しよう

Section 01 Windows 11を起動しよう

ここで学ぶこと
・Windowsの起動
・ロック画面
・サインイン

パソコンの**電源ボタン**を押すと、Windows11が起動して**ロック画面**が表示されます。ロックを解除して、**サインイン**するとWindows 11の各種機能やアプリを利用できます。

① Windows 11を起動する

🗨 解説
Windowsの起動

Windows 11を起動するには、パソコンの電源を入れ、ロックを解除し、サインイン画面を表示してサインインを行います。なお、電源ボタンの位置はパソコンによって異なります。

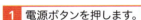
1 電源ボタンを押します。

🔍 重要用語
サインイン

サインインは、ユーザー名（メールアドレスなど）とPIN（276ページ参照）やパスワード、顔認証（272ページ参照）などで身元確認を行い、さまざまな機能やサービスを利用できるようにすることです。Windows 11は、23ページの手順 5 の画面でサインインを行うことで利用できます。

2 しばらくするとWindowsのロゴが表示され、

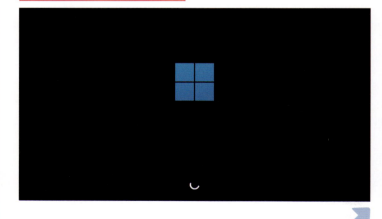

補足
ライセンス条項が表示された場合は

パソコン購入直後に電源を入れた場合など、Windows 11をはじめて起動したときにライセンス契約に関する画面が表示された場合は、294ページを参考に初期設定を行ってください。

重要用語
ロック画面

ロック画面とは、パソコンを一時的に操作できないようにするための画面です。Windows 11では、通常、起動直後にロック画面が表示されます。

ヒント
タッチ操作でロック画面を解除する

タッチ操作でロック画面を解除するには、画面を下から上にスライドします。

補足
サインインの方法について

サインインの優先順位は、顔認識→指紋認識→PINの順です。これらの設定は初期設定時に行います。

---

3 ロック画面が表示されます。

4 何かキーを押すか、画面内でクリックすると、

5 ロックが解除されて、サインイン画面が表示されます。

6 PINまたはパスワード（ここでは、PIN）を入力します。

7 デスクトップが表示されます。

Section 02 | Windows 11の画面構成を知ろう

ここで学ぶこと
・デスクトップ
・タスクバー
・スタートメニュー

デスクトップは、アプリの操作など、Windows 11を操作する上で**すべての起点となる画面**です。画面下に配置されたタスクバーから**スタートメニューを表示**して、**アプリを起動**したり、各種設定を行う**「設定」**を開いたりできます。

① デスクトップの画面構成

解説

デスクトップ

ここでは、さまざまな作業を行うデスクトップの画面構成を説明しています。デスクトップには、起動中のアプリのウィンドウやスタートメニュー、各種通知などが表示されます。また、画面下には、タスクバーと呼ばれる領域が用意されています。

重要用語

タスクバー

タスクバーは、デスクトップの下に表示される帯状の領域です。タスクバーには、■（[スタート]ボタン）が固定で登録され、検索、タスクビュー、Copilot、エクスプローラー、Microsoft Edgeなどのボタンも登録されています。また、アプリを起動すると、そのボタンが追加表示されます。なお、タスクバーにあらかじめ登録されているボタンは、利用しているパソコンによって異なります。

スタートメニュー
インストールされたアプリを起動したり、「設定」画面などを表示したりするためのメニューです。■ [スタート]ボタンをクリックすると表示されます。

デスクトップ
ウィンドウを表示して、さまざまな作業を行う作業場です。デスクトップに表示されるアイコンの数や種類は、利用するパソコンによって異なります。

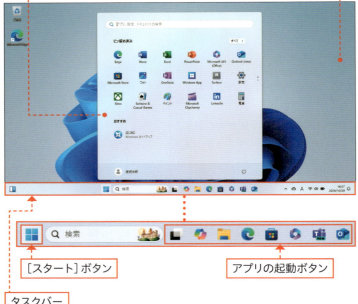

[スタート]ボタン

アプリの起動ボタン

タスクバー
「スタート」ボタンや事前登録されているアプリの起動ボタン（左の「重要用語」参照）、起動中のアプリのボタンなどが表示されます。

② スタートメニューを表示する

🔍 重要用語

スタートメニュー

スタートメニューは、タスクバーに配置されている ■（[スタート]ボタン）をクリックすることで表示されるメニューです。アプリの起動やWindows 11の設定変更などを行えます。スタートメニューを表示すると、ピン留め済みのアプリの一覧が表示されます。[すべて]をクリックすると（[すべてのアプリ]と表示されている場合もあります）、インストールされているアプリが一覧表示されます。なお、スタートメニューは、「スタート」画面と呼ばれることもあります。

1 ■（[スタート]ボタン）をクリックすると、

2 スタートメニューが表示されます。

3 [すべて]をクリックすると、

4 Windows 11にインストールされているすべてのアプリが一覧表示されます。

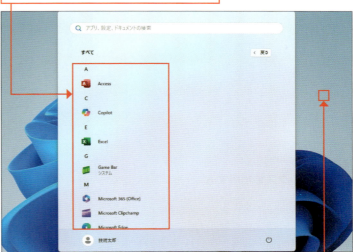

5 一覧のアプリをクリックして起動するか、スタートメニュー以外の場所をクリックすると、スタートメニューが閉じます。

⏰ 時短

でスタートメニューを表示する

スタートメニューは、キーボードの ■ を押すことでも表示できます。また、スタートメニュー表示中に再度、■ を押すか Esc を押すとスタートメニューが閉じます。

③ 設定を表示する

重要用語

設定

「設定」では、利用しているアプリの設定やWindowsで利用する機器などに関する設定、スタートメニューやデスクトップの背景に関する設定など、Windows 11に関するさまざまな設定を行えます。

補足

「ホーム」について

「設定」を開いたときに最初に表示されるのが「ホーム」です。「ホーム」は、推奨の設定やクラウドストレージの管理（OneDrive）、Bluetoothデバイスの追加と削除、Windowsのカラーモードなどの設定を行えます。この画面は、ウィンドウサイズによって見え方が異なります。

ヒント

検索ボックスを利用する

Windows 11には非常に多くの設定項目があります。目的の設定項目が見つからないときは、設定の検索ボックスやタスクバーの検索を利用して目的の設定項目を探すことができます。

1 ■（［スタート］ボタン）をクリックすると、

2 スタートメニューが表示されます。

3 ［設定］をクリックすると、

4 「設定」が開きます。　左の「ヒント」参照

5 「設定」を閉じるときは、✕をクリックします。

④ 通知を表示する

🔍 重要用語

通知

Windows 11では、メールやチャットの新着メッセージやWindowsからのお知らせ、指定したアプリからのお知らせなどを画面右下に通知する機能を備えています。これらの通知は、右の手順で確認できます。

✏️ 補足

未読の通知があるときのアイコン

未読の通知があるときは、手順1の日付右横にのアイコンが表示されます。また、右の手順で通知センターを表示すると、通知が既読になり🔔のアイコンに変わります。

💡 ヒント

タッチ操作で表示する

タッチ操作でカレンダーと通知センターを表示したいときは、右端の外側から内側（左側）に向けてスワイプします。

---

1 画面下の日付をクリックすると、

2 カレンダーと通知センターが表示されます。

3 通知センターの［すべてクリア］をクリックすると、

4 通知センターの履歴がクリアされます。

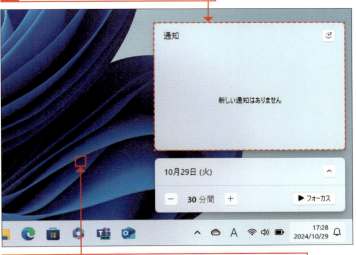

5 カレンダーと通知センター以外の場所をクリックすると、カレンダーと通知センターの両方が閉じます。

Section 03 Windows 11の作業を中断しよう

ここで学ぶこと
・スリープ
・復帰
・ロック

作業を一定時間以上、中断したいときは、パソコンを**スリープ**させておきましょう。スリープ中のパソコンは、電力をほとんど消費しないだけでなく、**作業の再開も短時間**で行えます。

1 パソコンをスリープする

解説
スリープとは

スリープは、パソコンの動作を一時的に停止し、節電状態で待機させる機能です。完全に電源を切るシャットダウンよりも消費電力は多くなりますが、停止状態になるまでの時間が短く、再開時の復帰時間も短くなるというメリットがあります。右の手順では、スタートメニューからパソコンをスリープする手順を紹介しています。

ヒント
ノートパソコンの場合は

ノートパソコンは本体を閉じる（ディスプレイを閉じる）、または電源ボタンを押すと、自動的にスリープ状態になるように設定されていることが一般的です。

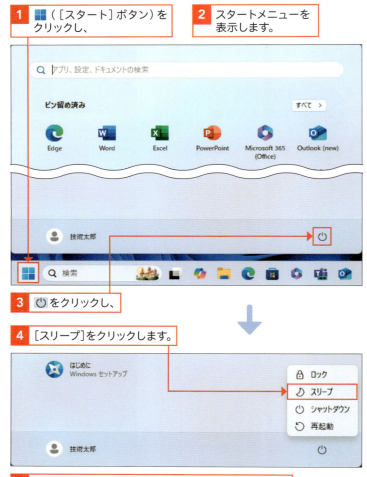

1 ■（［スタート］ボタン）をクリックし、
2 スタートメニューを表示します。
3 ⏻ をクリックし、
4 ［スリープ］をクリックします。
5 画面が暗くなり、パソコンがスリープ状態になります。

② スリープから復帰して作業を再開する

1 デスクトップパソコンまたはタブレットの場合は、電源ボタンを押します。

解説
スリープから復帰する

スリープから復帰するときは、電源ボタン（デスクトップパソコンまたはタブレットの場合）を押すか、ディスプレイを開く（ノートパソコンの場合）ことで行います。

2 ノートパソコンの場合はディスプレイを開きます。

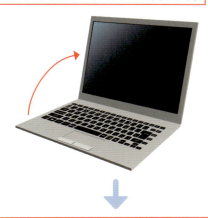

補足
マウスやキーボードで復帰する

デスクトップパソコンやディスプレイを開いた状態のままでスリープしたノートパソコンは、マウスを動かしたり、キーボードを押すことでスリープから復帰できる場合があります。この設定は、利用しているパソコンによって異なります。

3 ロック画面が表示されます。23ページの手順でサインインします。

補足
サインイン画面が表示されない

Windows 11の設定によっては、スリープから復帰したときにサインイン画面が表示されない場合があります。また、顔認証を利用している場合は、ロック画面が表示されると同時に顔認証がスタートするためサインイン画面は表示されません。

Section 04 Windows 11を終了しよう

ここで学ぶこと
- シャットダウン
- 強制切断
- Windows 11の終了

起動していたアプリをすべて終了し、Windows 11を終了させてパソコンの電源を切断することを**シャットダウン**といいます。パソコンを長時間使用しないときは、シャットダウンしましょう。

① パソコンをシャットダウンする

解説

パソコンをシャットダウンする

シャットダウンは、起動していたアプリをすべて終了させて、パソコンの電源を切断する操作です。パソコンをシャットダウンするときは、右の手順で行います。

1 ■（[スタート]ボタン）をクリックすると、

2 スタートメニューが表示されるので、

ヒント

スリープとシャットダウンの使い分け

スリープは、すぐに作業が再開できるようにパソコンを節電状態にして待機していましたが、シャットダウンでは電源を完全に切断します。パソコンを長期間使用しないときはシャットダウン、比較的短時間で作業を再開したいときはスリープと使い分けるのがお勧めです。

3 ⏻ をクリックします。

補足

サインイン画面から終了する

シャットダウンは、サインイン画面からも行えます。サインイン画面からシャットダウンするときは、画面右下隅の⏻をクリックし、[シャットダウン]をクリックします。

4 [シャットダウン]をクリックします。

5 Windowsの終了処理が行われ、自動的に電源が切断されます。

 パソコンの電源を強制切断したい

電源ボタンを長押しすると、一般的なパソコンでは、電源の強制切断が行えます。電源投入後、いくら待ってもWindows 11が起動しないときや起動中の画面から固まって動かないときはこの方法を試してみてください。また、パソコンによっては、電源ボタンを長押しすることによってパソコンを強制的に起動できる場合もあります。電源ボタンを短時間押しだけではパソコンが起動しない場合などに長押しを試してみてください。

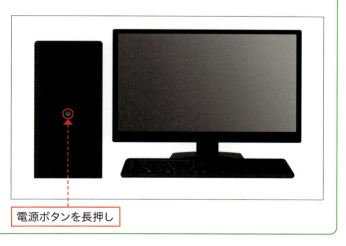

電源ボタンを長押し

応用技 Windows 11 からサインアウトする

サインアウトとは、退出するという意味を持ち、別のアカウントでWindows 11を利用したいときなどに利用します。たとえば、1台のパソコンを子供用と親用の2つのアカウントで利用しているときなどで利用します。サインアウトは、以下の手順で行います。なお、サインアウトを行うと、使用していたすべてのアプリが終了し、ロック画面が表示されます。Windows 11を再度利用するときは、23ページの手順でサインイン画面を表示し、サインインを行います。また、1台のパソコンを2つ以上のアカウントで利用しているときは、サインイン画面の左下にユーザーリストが表示され、サインインを行うユーザーを選択できます。

1 ■（[スタート]ボタン）をクリックすると、

2 スタートメニューが表示されるので、

3 サインイン中のユーザー名（ここでは[技術太郎]）をクリックします。

4 [サインアウト]をクリックします。

5 サインアウト処理が行われ、ロック画面が表示されます。

第 **2** 章

Windows 11の基本をマスターしよう

Section 05 アプリを起動しよう

Section 06 スナップレイアウトでウィンドウを操作しよう

Section 07 タスクビューを利用しよう

Section 08 よく使うアプリをピン留めしよう

Section 09 日本語を入力しよう

Section 10 アルファベットや記号を入力しよう

Section 11 単語を登録しよう

Section 12 日本語IMEをカスタマイズしよう

Section 13 アプリを終了しよう

Section 05 アプリを起動しよう

ここで学ぶこと
・アプリ
・スタートメニュー
・検索

Windows 11でWebページを閲覧したり、メールや写真などを楽しんだりするには、スタートメニューから**目的のアプリを選択して起動**します。目的のアプリが見つからない場合は、**検索**を利用してアプリを起動することもできます。

① スタートメニューからアプリを起動する

解説
アプリを起動する

Windows 11にインストールされているアプリは、スタートメニューから起動できます。右の手順では、「メモ帳」を例にアプリの起動方法を説明しています。

重要用語
アプリとは

アプリは、文書や表の作成といった特定の作業を行うことのできるソフトウェアです。アプリには、Windows 11に標準で備わっているもののほか、追加でインストールできるものがあります。

ヒント
メニューの：アイコンについて

手順②の：のアイコンは、ピン留め済みのアプリのアイコンを1画面ですべて表示できないときに表示されます。

1 ■（[スタート]ボタン）をクリックし、
2 起動したいアプリのアイコンが見つからないときは：の上にマウスポインターを移動させ、
3 ▼をクリックします。

4 アプリのアイコン（ここでは[メモ帳]）をクリックします。

35ページの「補足」参照

補足
起動したいアプリが見つからないときは

スタートメニューを表示すると、最初にピン留め済みアプリの一覧が表示されます。ここに起動したいアプリがないときは、[すべて]をクリックするとインストール済みアプリの一覧が表示され、ここから起動したいアプリを探すことができます。

5 「メモ帳」が起動します。

2 タスクバーのボタンからアプリを起動する

解説
タスクバーからアプリを起動する

タスクバーにアプリのボタンを配置することを「ピン留め」と呼び、ピン留めされたアプリのボタンは、そのアプリの起動用ボタンとして利用できます。通常は、「エクスプローラー」、「Microsoft Edge」、「Microsoft Store（ストア）」などのアプリのみがピン留めされていますが、利用頻度の高いアプリを手動でピン留めすることもできます（44ページ参照）。

1 タスクバーのボタン（ここでは[Microsoft Edge]）をクリックすると、

2 そのアプリ（ここでは「Microsoft Edge」）が起動します。

05 アプリを起動しよう

2 Windows 11の基本をマスターしよう

③ アプリを検索して起動する

解説
アプリの検索

スタートメニューで目的のアプリが見つからないときは、検索を利用してアプリを探します。アプリの検索は、右の手順で行います。ここでは、タスクバーから検索画面を表示してアプリを検索していますが、検索画面はスタートメニューから表示することもできます（37ページの「応用技」参照）。

補足
メニューを展開する

検索結果の画面に （［アクションリストを展開、表示します］）が表示されているときは、未表示のアクションリストがあります。 をクリックすると、これが展開され、追加のアクションが表示されます。

ヒント
検索対象

手順4の検索結果の画面で［アプリ］をクリックすると、検索結果をアプリのみに絞り込むことができます。

---

1 タスクバーの検索ボックスをクリックします。

2 検索画面が表示されます。

3 検索ボックスにキーワード（ここでは［メモ帳］）を入力すると、

左の「ヒント」参照

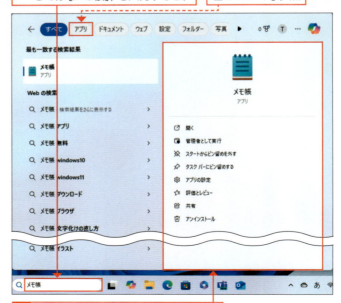

4 検索画面に検索結果が表示されます。

時短
検索キーワード

Windows 11の検索では、キーワードの一部を入力するだけで検索結果を表示します。このため目的のアプリの名称すべてを入力しなくても、わかっている一部を入力するだけで目的のアプリを発見できる場合があります。

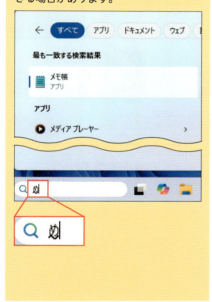

5 検索結果のアプリ名をクリックするか、[開く]または[管理者として実行]をクリックすると、

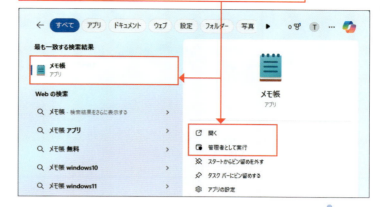

6 アプリ（ここでは「メモ帳」）が起動します。

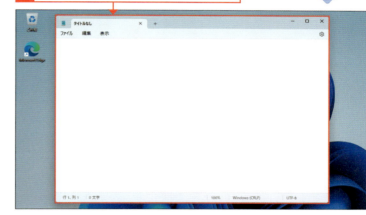

応用技　スタートメニューから検索する

検索画面は、スタートメニューから表示することもできます。スタートメニューから検索画面を表示したいときは、スタートメニューの上部の検索ボックスをクリックすると、検索画面に切り替わります。

05 アプリを起動しよう

2 Windows 11の基本をマスターしよう

Section 06 スナップレイアウトでウィンドウを操作しよう

ここで学ぶこと
- ウィンドウの均等配置
- ウィンドウサイズ変更
- スナップレイアウト

デスクトップでは、アプリごとに表示される**ウィンドウ**を切り替えながら作業します。**スナップレイアウト**を利用すると、アプリのウィンドウをかんたんな操作で整列して表示できます。

① スナップレイアウトでウィンドウを配置する

解説

スナップレイアウトの活用

スナップレイアウトは、レイアウトメニューからアプリのウィンドウを配置する機能です。右の手順では、2つのアプリのウィンドウを利用しているときを例に、スナップレイアウトでアプリのウィンドウを左右に均等配置しています。

補足

配置レイアウトの種類

スナップレイアウトで表示される配置レイアウトの種類は、利用しているパソコンのディスプレイの解像度や物理的な大きさ、文字やタイトル、アイコンの拡大／縮小率（240ページ参照）などによって異なります。たとえば、右の手順では、4種類の配置レイアウトが表示されていますが、パソコンによっては、6種類以上の配置レイアウトが表示される場合があります。

1 ウィンドウの □ にマウスポインターを置くと、

2 スナップレイアウトが表示されます。

補足 そのほかのウィンドウの操作

ウィンドウのタイトルバーの何もないところをドラッグすると、ウィンドウを目的の位置に移動できます。また、ウィンドウを任意のサイズに変更したいときは、ウィンドウの左右の辺または上下の辺、四隅のいずれかをドラッグします。左右の辺をドラッグすると幅が変更できます。上下の辺をドラッグすると高さを変更できます。

補足 ウィンドウを最大化する

ウィンドウの右上のは、マウスポインターを置くとスナップレイアウトを表示しますが、クリックするとウィンドウを最大化します。また、ウィンドウを最大化した状態で再度クリックすると、最大化前のウィンドウサイズに戻ります。

3 ウィンドウの配置位置（ここでは、右に「メモ帳」のアイコンがあるレイアウト）をクリックして選択します。

下の「補足」参照

4 選択した位置に収まるようにウィンドウサイズが変更されてアプリが配置されます。

06 スナップレイアウトでウィンドウを操作しよう

2 Windows 11 の基本をマスターしよう

補足 2つ以上のアプリを起動しているときのレイアウトについて

2つ以上のアプリを起動している状態でスナップレイアウトを表示すると、上の手順**3**の画面のように、はじめからアプリのアイコンが表示されたレイアウトが表示されます。このアプリのアイコンは、ウィンドウの階層順で優先表示され、スナップレイアウトを表示したアプリ（上の手順では「Microsoft Edge」）とアイコンのアプリ（上の手順では「メモ帳」）が同時に自動配置します。3つ以上のアプリを起動していて、残った領域に表示したいアプリを選択したいときは、アプリのアイコンが表示されていないレイアウトを選択してください。なお、ここでは画面内（右画面）に横2つ並べて表示していますが、ウィンドウサイズによっては縦2つで表示されます。

39

② タッチ操作やドラッグ操作でウィンドウをスナップする

💬 解説

**ドラッグ操作で
スナップレイアウトを表示する**

スナップレイアウトは、ウィンドウを画面上部にドラッグすることでも表示できます。この操作は、マウスやタッチパッドのドラッグ操作だけでなく、タッチ操作でスナップレイアウトを利用したいときにも利用できます。

1 ウィンドウをドラッグして動かすと、

2 画面上部にバーが表示されるので、

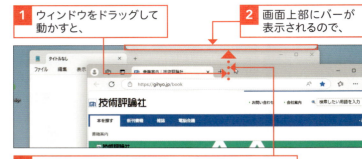

3 そのバーに重なるようにウィンドウをドラッグします。

4 スナップレイアウトが表示されます。

5 表示された配置レイアウトの中から、配置したい場所（ここでは、右に「メモ帳」のアイコンがあるレイアウト）でマウスを離します（ドロップします）。

✨ 応用技

**ウィンドウを左右に
スナップする**

ウィンドウを画面の右端や左端いっぱいまでドラッグすると、画面の右半分や左半分にそのウィンドウを表示できます。また、上端いっぱいにまでドラッグするとそのウィンドウを全画面表示できるほか、画面の4隅の方向にドラッグするとアプリのウィンドウを画面の4分の1のサイズで表示できます。

ヒント

スナップレイアウトの設定

スナップレイアウトのオン／オフなどの設定は、「設定」を開き（26ページ参照）、[システム]→[マルチタスク]→[ウィンドウのスナップ]とクリックし、オン／オフを設定することで行えます。

6 選択した位置に収まるようにウィンドウサイズが変更されて選択したアプリが配置されます。

応用技　スナップグループを確認する

スナップレイアウトで配置されたウィンドウは、1つのグループとして管理されます（明示的なグループ化はなく、自動的にグループになります）。このグループは「スナップグループ」と呼ばれ、タスクバーにあるアイコンから確認することができます。たとえば、右図を例に挙げると、アイコンの上にマウスポインターを置くことでサムネイルが表示され、3つのアプリをグループ化していることが視覚的に確認できます。ここでは、4つのアプリを起動しているので、グループ化されていないアプリは、サムネイルアイコン（以下、アイコン）としてグループ化の横に並びます。5つのアプリを起動していれば、残りの計2つのアイコンが並ぶこととなります。それぞれのアイコンをクリックすることで、画面に表示させることができます。

1 タスクバーにあるスナップレイアウトでグループ化しているアプリのボタン（ここでは[Microsoft Edge]）の上にマウスポインターを置くと、

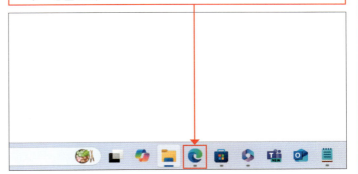

2 サムネイルアイコンが表示されます。

3 アイコンをクリックすることで、該当するレイアウトで表示されます。

Section 07 タスクビューを利用しよう

ここで学ぶこと
・タスクビュー
・アクティブウィンドウ
・仮想デスクトップ

複数のアプリを同時に起動すると、デスクトップにウィンドウが所狭しと表示され、作業効率が低下します。たくさんのアプリを起動していてもタスクビューを利用すれば、かんたんに**アクティブウィンドウを切り替え**られます。

1 タスクビューでアクティブウィンドウを切り替える

解説

タスクビューを利用する

タスクビューでは、利用中のアプリをサムネイルで一覧表示したり、仮想デスクトップ (43ページ参照) の作成や利用中の仮想デスクトップの切り替えを行ったりできます。右の手順では、タスクビューを表示して、アクティブウィンドウを切り替える方法を説明しています。

1 をクリックします。

2 タスクビューが表示され、利用中のアプリがサムネイルで一覧表示されます。

応用技

ショートカットキーでアプリを切り替える

 を押しながら Tab を押すと、利用中のアプリがサムネイルで一覧表示され、続けて Tab を押すごとに対象を示す枠が移動します。目的のアプリで Alt キーから指を離すか、アプリのサムネイルをクリックすると、アクティブウィンドウがそのアプリに切り替わります。

3 サムネイル (ここでは [Microsoft Store]) をクリックすると、

補足

デスクトップに戻る

タスクビューの表示からデスクトップに戻りたいときは、再度 ■ をクリックするか、Escを押します。また、サムネイルが表示されていない場所をクリックしてもデスクトップに戻ります。

4 手順**3**でクリックしたアプリが最前面に表示されてアクティブウィンドウが切り替わります。

応用技 仮想デスクトップを利用する

仮想デスクトップは、複数のデスクトップを作成し、それぞれで異なるアプリを利用したり、共通のアプリとウィンドウを利用したりできる機能です。仮想デスクトップは利用するアプリを整理でき、画面サイズが小さいノートパソコンなどでもアプリを効率よく利用できます。仮想デスクトップは以下の手順で利用できます。

1 ■ をクリックしてタスクビューを表示します。

2 ［新しいデスクトップ］をクリックします。

3 新しいデスクトップ（ここでは、［デスクトップ2］）が作成されるので、作成されたデスクトップをクリックします。

4 新しいデスクトップが表示され、アプリを起動できます。

5 ■ をクリックしてタスクビューを表示し、

6 利用したいデスクトップを切り替えたいときは、目的のデスクトップ（ここでは［デスクトップ1］）をクリックします。

7 をクリックすると、その仮想デスクトップを終了でき、そこで利用中だったアプリは1つ前（前がない場合は1つ後ろ）の仮想デスクトップに自動的に移動します。

07 タスクビューを利用しよう

2 Windows 11の基本をマスターしよう

Section 08 よく使うアプリをピン留めしよう

ここで学ぶこと
・ピン留め
・タスクバー
・スタートメニュー

アプリは、タスクバーやスタートメニューに**ピン留め**できます。タスクバーにピン留めすると、タスクバーから目的のアプリをすばやく起動できます。スタートメニューにピン留めすると、**「ピン留め済み」にアプリのボタンが表示**されます。

1 アプリをタスクバーにピン留めする

解説
アプリをピン留めする

ピン留めとは、あらかじめ決められた場所(タスクバーやスタートメニュー)にアプリを表示する機能です。アプリのピン留めは、スタートメニューから行えます。右の手順では、「メディアプレーヤー」アプリを例にタスクバーにアプリをピン留めする方法を説明しています。

補足
右クリックについて

右クリックの操作は、タッチパッド／トラックパッド、タッチパネルでマウス操作とは異なる場合があります。タッチパッド／トラックパッドは、通常、タッチパッド／トラックパッドの右下端を押すことが右クリック操作となりますが、2本指でタップすることが右クリック操作になる場合があります。また、タッチパネルでは通常、ボタンやアイコンを長押しすることが右クリック操作と同じ操作になります。

1 ■([スタート]ボタン)をクリックし、

2 [すべて]をクリックします。

3 必要に応じて画面をスクロールし、

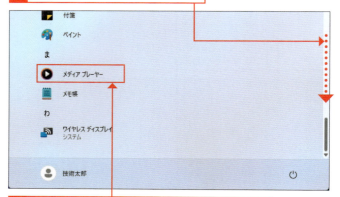

4 ピン留めしたいアプリ(ここでは[メディアプレーヤー])を右クリックします。

スタートメニューにピン留めする

ここでは、タスクバーにアプリをピン留めしていますが、手順5で[スタートにピン留めする]をクリックすると、スタートメニューの「ピン留め済み」にアプリをピン留めできます。

ピン留めを外す

アプリのピン留めを外したいときは、ピン留めされたアプリを右クリックし、表示されるメニューから[タスクバーからピン留めを外す]または[スタートからピン留めを外す]をクリックします。

タスクバーにピン留めする

アプリをタスクバーにピン留めしたいときは、スタートメニューの「ピン留め済み」の画面からも行えます。ピン留め済みから行うときも、右の手順同様にアプリを右クリックして表示されるメニューから行います。

5 メニューが表示されるので、[詳細]の上にマウスポインターを移動させ、

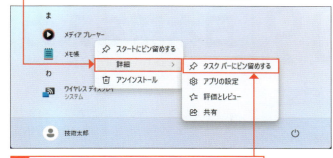

6 [タスクバーにピン留めする]をクリックします。

7 タスクバーにアプリ(ここでは ▶（「メディアプレーヤー」アプリ))が追加されます。

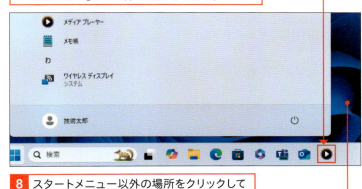

8 スタートメニュー以外の場所をクリックしてスタートメニューを閉じます。

 起動中のアプリをタスクバーにピン留めする

アプリのタスクバーへのピン留めは、アプリの起動中に行うこともできます。起動中のアプリをタスクバーにピン留めしたいときは、右の手順で行います。

1 タスクバーに表示されている起動中のアプリ(ここでは「メディアプレーヤー」アプリ)の「ボタン」を右クリックし、

2 [タスクバーにピン留めする]をクリックします。

Section 09 日本語を入力しよう

ここで学ぶこと
- 日本語IME
- 日本語入力の切り替え
- タッチキーボード

日本語の入力を行いたいときは、**日本語IME（Input Method Editor）**と呼ばれるソフトウェアを利用します。日本語IMEをオンにするとキーボードで日本語や全角英数字などの入力が行え、オフにすると半角英数字を入力できます。

① 日本語入力に切り替える

解説
日本語IMEのオン／オフの切り替え

通常、半角/全角を押すと、日本語IMEがオフのときはオンに切り替わり、オンのときはオフに切り替わります。また、スペースの左にA、右にあを備えたキーボードは、Aを押すと日本語IMEがオフ、あを押すと日本語IMEがオンになります。

補足
マウス操作で日本語IMEをオン／オフする

日本語IMEのオン／オフは、右の手順2で確認した日本語IMEの状態を示すボタンをクリックすることでも切り替えられます。

1 日本語入力を行いたいアプリ（ここでは「メモ帳」）を起動し（34ページ参照）、入力欄をクリックして、文字の入力可能状態しておきます。

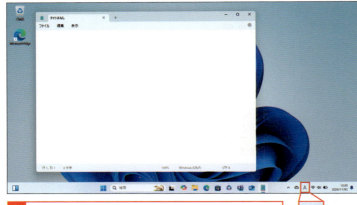

2 タスクバーの右隅にある日本語IMEの状態を示すボタンを確認します。Aと表示されているときは、キーボードの半角/全角を押します。

3 日本語IMEがオンになり表示があに切り替わります。

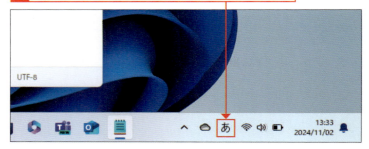

② タッチキーボードで日本語入力に切り替える

💬 解説

タッチキーボードで日本語を入力する

タッチキーボードでは、日本語IMEのオン／オフの切り替えを[スペース]の左横にあるキーで切り替えます。A と表示されているときは日本語IMEがオフ、あ と表示されているときはオンです。

💡 ヒント

⌨ が表示されていない

タスクバーに ⌨ が表示されていないときは、タッチキーボードアイコンの表示設定を変更します。タスクバーのボタンがないところを長押しすると、メニューが表示されるので[タスクバーの設定]をタップし、システムトレイアイコンにある「タッチキーボード」の設定を[キーボードが接続されていない場合]から[常に表示する]に変更すると、タスクバーに ⌨ が常時表示されます。

✏ 補足

タッチキーボードの自動表示

アプリの入力欄をタップすると、タッチキーボードが自動表示されることもあります。

---

1 あらかじめ日本語入力を行いたいアプリ（ここでは「メモ帳」）を起動しておきます（34ページ参照）。

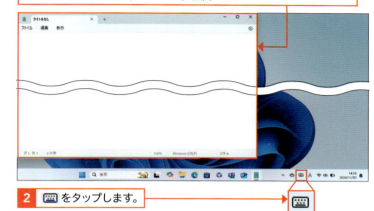

2 ⌨ をタップします。

3 タッチキーボードが表示されます。

4 [スペース]の左横に A が表示されているときは、A をタップします。

5 表示が あ に切り替わり、日本語IMEがオンになります。

×をタップすると、タッチキーボードが閉じる。

③ 予測入力で漢字変換を行う

解説

予測入力を利用する

予測入力とは、文字列をすべて入力しなくても、入力された文字からユーザーが入力するであろう単語を予測して変換候補を表示する機能です。予測入力によって漢字変換を行うときは、右の手順で行えます。

1 アプリ（ここでは「メモ帳」）に漢字の読み（ここでは［にほん］）を入力すると、

2 変換候補のリストが表示されます。

3 キーボードので選択し、

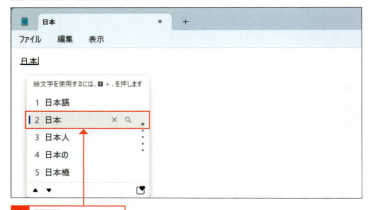

4 を押します。

5 文字が確定されます。

ヒント

文字入力の方法

日本語入力は、通常、ローマ字入力で行います。右の例の「にほん」は、の順にキーを押して入力します。なお、日本語入力の方法には、ローマ字入力以外にもひらがなで入力する「かな入力」があります。かな入力を行いたいときは、タスクバーの右隅にある日本語IMEの状態を示すボタン（ A または あ ）を右クリックし、メニューから［かな入力（オフ）］をクリックして、かな入力をオンにします。

④ スペースキーで漢字変換を行う

解説

スペース で変換する

スペースを用いた漢字変換は、予測入力で目的の候補が表示されないときや、入力した文字列を文節単位や入力した文字列のみを対象に変換したいときに利用します。通常スペースを押すと、最初に第一候補のみが表示され、再度、スペースを押すと変換候補が9個単位でウィンドウに表示されます。変換候補が2つしか表示されない場合は、57ページを参照してください。

応用技

文節を移動する

右の手順のように単語ではなく文章を入力してスペースを押すと、文節単位で漢字変換を行います。変換対象の文節は太線が引かれて変換対象でない文字列と区別され、←→を押すことで文節を移動できます。また、Shiftを押しながら←→を押すと、文節の区切りを変更できます。

補足

変換候補をより多く表示する

右の手順4で をクリックすると、変換候補がテーブルビューで表示されます。テーブルビューでは、より多くの変換候補が1つの画面内に表示されます。

1 漢字の読み（ここでは、[はなしましょう]）と入力し、スペースを押します。

2 第一候補に変換されます。

3 目的の変換ではなかったときは、再度スペースを押します。

4 そのほかの候補がウィンドウに表示されます。

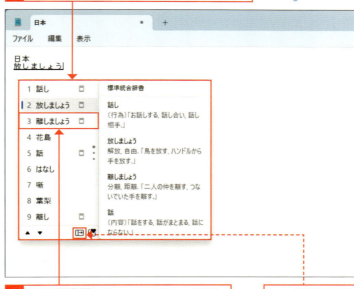

5 スペース↑↓などのキーを押して候補を選択し、Enterで確定します。

左の「補足」参照

⑤ タッチキーボードで漢字変換を行う

💬 解説

タッチキーボードで漢字変換する

タッチキーボードでは、右の手順2の画面のように、入力した文字に対する変換候補がタッチキーボードの上部に横並びで表示され、目的の候補をタップすると文字が確定されます。

✏️ 補足

別の候補を表示する

目的の候補が見つからないときは、横並びで表示されている変換候補のリストをスライドすると、次の候補が表示されます。また、[スペース]をタップすると、変換候補が左から右に1つずつ移動します。[スペース]は、文字を入力すると[次候補]の表示に切り替わる場合があります。

変換候補

⚠️ 注意

予測入力のみが利用可能

タッチキーボードを用いた日本語入力では、予測入力のみが利用できます。物理キーボードのように スペース を用いた変換は行えません。

---

1 アプリ（ここでは「メモ帳」）に漢字の読み（ここでは[はなしましょう]）を入力すると、

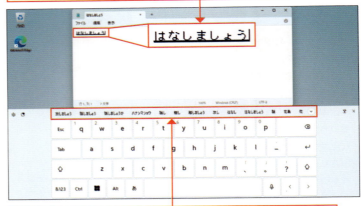

2 変換候補が横並びでタッチキーボードの上部に表示されます。

3 変換したい候補（ここでは[離しましょう]）をタップすると、

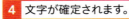

4 文字が確定されます。

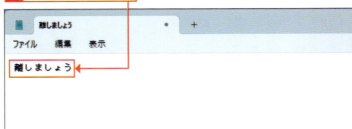

⑥ カタカナや英数字に変換する

💬 解説

カタカナや英数字への変換

カタカナや英数字への変換は、キーボードのファンクションキーを押すことで行えます。左の手順では、入力した文字列を全角カタカナ（F7）と半角英数字（F10）に変換する方法を説明していますが、半角カタカナに変換したいときはF8、全角英数字に変換したいときはF9を押します。なお、F8は、変換対象の文字列が全角英数字だった場合は半角英数字に変換します。

1 文字（ここでは、[ぎじゅつたろう]）と入力し、

2 F7を押します。

3 入力した文字が全角カタカナに変換されます。

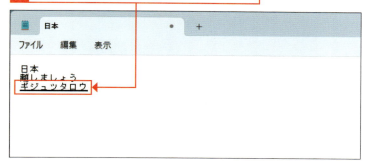

4 F10を押します。

5 入力した文字が半角英数字に変換されます。

6 Enterを押して確定します。

✏️ 補足

Fn搭載キーボードの場合

Fnを備えたキーボードでは、F1からF12までのファンクションキーに複数の機能が割りてられており、そのまま押すと別の機能が優先的に利用される場合があります。そのようなパソコンでは、Fnを押しながらファンクションキーを押してください。たとえば、F7の場合は、Fnを押しながらF7を押します。

Section 10 アルファベットや記号を入力しよう

ここで学ぶこと
- アルファベット
- 大文字／小文字
- 特殊記号

Windows 11を活用していく上で欠かせないのが、**アルファベット**や**特殊記号**の入力です。アルファベットの入力は、日本語IMEをオフにすることで入力します。また、大文字や特殊記号は、キーボードの Shift を押しながら入力します。

① アルファベットを入力する

解説 アルファベットの入力

アルファベットなどの半角英数字を入力するときは、日本語IMEがオフになっていることを確認し、入力を行います。日本語IMEのオン／オフの切り替えの詳細については、46ページを参照してください。

補足 タッチキーボードの場合は

タッチキーボードの場合は、[スペース]左横に A が表示されていると、日本語IMEがオフです。詳細は、47ページを参照してください。

ヒント 日本語IMEがオンになっていたときは

右の手順 2 でタスクバーの右隅にある日本語IMEの状態を示すボタンが あ と表示されていたときは、半角/全角 を押して、日本語IMEをオフにします。

1 あらかじめ日本語入力を行いたいアプリ（ここでは「メモ帳」）を起動しておきます（34ページ参照）。

2 タスクバーの右隅にある日本語IMEの状態を示すボタンが A と表示されていることを確認し、

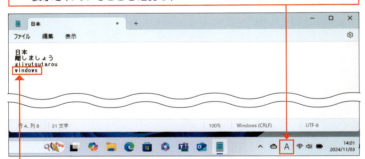

3 アルファベットを入力します（ここでは、[windows]）。日本語と異なり、確定操作は必要ありません。

4 キーボードの Shift を押しながら、

5 大文字入力したいキー（ここでは A ）を押すと、

大文字が常に入力される

Shiftを押しながらアルファベットキーを押さなくても大文字が入力されるときは、[Caps Lock]がオンになっています。Caps Lockの解除は、Shiftを押しながらCaps Lockを押すことで行えます。

6 アルファベットの大文字（ここでは[A]）が入力されます。

② 特殊記号を入力する

特殊記号の入力

特殊記号を入力するときは、Shiftを押しながら入力します。アルファベット以外のキーは、Shiftを押しながら入力すると、キーに刻印されている上の記号が入力されます。

1 キーボードのShiftを押しながら、

2 入力したい特殊記号（ここでは、＿）を押します。

タッチキーボードの場合は

タッチキーボードで特殊記号を入力するときは、&123をタップすると、特殊記号などを入力できるキーボードに切り替わります。

3 特殊記号（ここでは[＿（アンダースコア）]）が入力されます。

💡ヒント 絵文字や顔文字、記号を一覧から入力する

⊞を押しながら．を押すと、絵文字ピッカーが表示されます。絵文字ピッカーを利用すると、絵文字や顔文字、記号などの入力がかんたんに行えます。なお、Windowsで作成したテキストファイルなどをMacで開いた場合、絵文字が表示されない、または見た目が異なる場合があります。

Section 11 単語を登録しよう

ここで学ぶこと
・日本語IME
・単語登録
・単語削除

日本語IMEの単語登録を行うと、登録した単語が必ず**変換候補として表示**されます。変換候補に表示されにくい名詞や人名、地名などを登録したり、短縮読みや顔文字などを登録したりしておけば、**日本語入力の作業効率をアップ**できます。

① 辞書に単語を登録する

解説

単語を登録する

単語の登録は、右の手順で「単語の登録」ダイアログボックスを表示して行います。また、登録した単語は、「よみがな」を入力すると、変換候補として表示されます。このため、短縮よみを登録し、少ない入力文字数でその単語を候補に表示したり、顔文字を候補に表示したりできます。

応用技

文章も登録できる

単語登録では、最大60文字の文字列を登録できます。このため、メールアドレスを登録したり、挨拶文などの定型文を登録しておき、少ない入力文字数で効率的に文章を作成したりする手助けに利用することもできます。

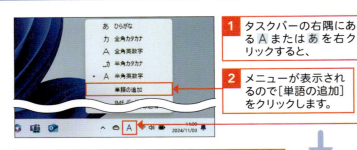

1 タスクバーの右隅にある **A** または **あ** を右クリックすると、

2 メニューが表示されるので[単語の追加]をクリックします。

3 「単語の登録」ダイアログボックスが表示されます。

4 登録したい単語（ここでは[技術評論社]）を入力し、

5 よみがな（ここでは[ぎひょう]）を入力します。

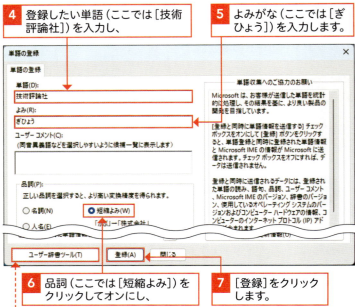

6 品詞（ここでは[短縮よみ]）をクリックしてオンにし、
右ページの「ヒント」参照

7 [登録]をクリックします。

補足

単語の登録先

登録単語は、ユーザー辞書と呼ばれるその人専用の辞書に登録され、ほかのユーザーの辞書には反映されません。たとえば、1台のパソコンを2人で共有し、別々のアカウントで利用している場合、単語登録を行ったアカウント以外では、登録単語は利用できません。

8 単語が登録され、手順3の画面に戻ります。

下の「ヒント」参照

9 [閉じる]をクリックして、「単語の登録」ダイアログボックスを閉じます。

10 アプリで登録した単語のよみがな（ここでは[ぎひょう]）を入力すると、

11 登録した単語が変換候補に表示されることを確認できます。

💡ヒント　登録した単語を削除する

間違った単語を登録したときは、単語の削除を行います。「単語の登録」ダイアログボックスの下にある「ユーザー辞書ツール」をクリックすると、「Microsoft IMEユーザー辞書ツール」が表示されます。削除したい単語をクリックし、[編集]→[削除]の順にクリックして、[削除]ダイアログボックスで[はい]をクリックすると、単語を削除できます。

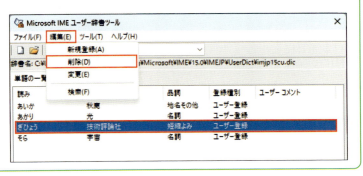

Section 12 日本語IMEをカスタマイズしよう

ここで学ぶこと
- Microsoft IME
- IMEツールバー
- 予測入力

Windows 11には、日本語入力を行うために「Microsoft IME」と呼ばれる**日本語IME**がプリインストールされています。ここでは、Microsoft IMEの**設定ページの開き方**や**トラブルが発生したときの対処方**などを紹介します。

① Microsoft IMEの設定を行う

解説

Microsoft IMEのカスタマイズ

Microsoft 日本語IMEのカスタマイズは、右の手順でMicrosoft IMEの設定ページを開きます。Microsoft IMEの設定ページでは、変換候補に表示する文字の種類（ひらがな、全角カタカナ、半角カタカナ、ローマ字）や句読点の種類などの入力設定のほか、予測入力のオン／オフ、無変換や変換を押したときのキーの割り当てのキーカスタマイズ、学習方法の設定や辞書への単語の登録、デザインなどの各種設定が行えます。

補足

日本語IMEとMicrosoft IMEの違い

日本語IMEは、Windowsで日本語入力を行うためのアプリケーションの総称です。一方で、Microsoft IMEとはマイクロソフトが開発したWindowsで日本語入力を行うためのアプリケーションです。

1 タスクバーの右隅にある A または あ を右クリックすると、

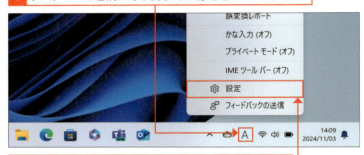

2 メニューが表示されるので、[設定]をクリックします。

3 Microsoft IMEの設定ページが表示されます。

② 以前のバージョンのIMEに戻す

 解説

問題が発生した場合の対処方

Microsoft IMEを利用していて、変換候補が2つしか表示されないなど日本語入力に関するトラブルが発生したときは、右の手順で以前のバージョンのMicrosoft IMEに戻すことでトライブを解消できる場合があります。

補足

「設定」からMicrosoft IMEの設定を開く

56ページの手順でMicrosoft IMEの設定ページが開けないとき、または以前のバージョンのMicrosoft IMEを使っているときは、「設定」を開き、[時刻と言語]→[言語と地域]→「日本語」の…→[…言語のオプション]→「Microsoft IME」の…→[…キーボードオプション]の順にクリックすることで、Microsoft IMEの設定ページを開けます。

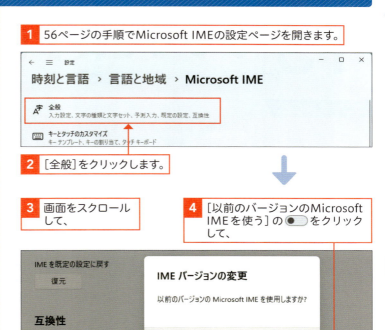

1. 56ページの手順でMicrosoft IMEの設定ページを開きます。
2. [全般]をクリックします。
3. 画面をスクロールして、
4. [以前のバージョンのMicrosoft IMEを使う]の●をクリックして、
5. [OK]をクリックします。
6. パソコンを再起動します。

応用技 予測入力をオフにする

日本語IMEの予測入力を利用したくないときは、以下の手順で予測入力をオフにできます。

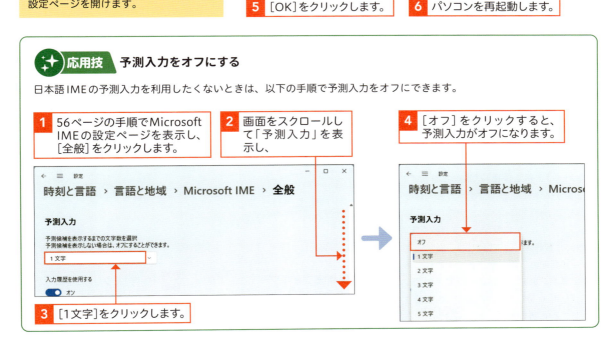

1. 56ページの手順でMicrosoft IMEの設定ページを表示し、[全般]をクリックします。
2. 画面をスクロールして「予測入力」を表示し、
3. [1文字]をクリックします。
4. [オフ]をクリックすると、予測入力がオフになります。

Section 13 アプリを終了しよう

ここで学ぶこと
- ファイル
- 保存
- アプリの終了

「メモ帳」などのアプリで行った作業の結果は、アプリを終了する前に**ファイルとして保存**します。ファイルとして保存しておけば、作業結果が失われることはありません。また、保存しておいたファイルを開き、再編集することもできます。

1 ファイルを保存する

解説
ファイルに保存する

メモ帳などのように新規のデータ（文書）を作成するアプリでは、作業結果をファイルに保存できます。右の手順では、メモ帳を例に、作業結果をファイルに保存する手順を説明しています。

応用技
上書き保存

ファイルの保存方法には、[名前を付けて保存]と[上書き保存]に大別されます。[上書き保存]は、同じファイル名で保存されて、保存先のフォルダー内にあるもとのファイルは、内容が上書きされます。また、[名前を付けて保存]は、新しいファイル名を付けて、別ファイルとして保存します。なお、[名前を付けて保存]は、アプリによっては[別名で保存]と表記されることもあります。

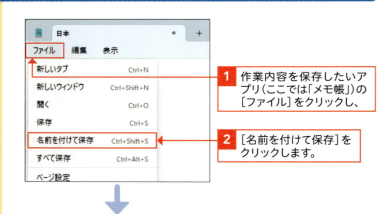

1 作業内容を保存したいアプリ（ここでは「メモ帳」）の[ファイル]をクリックし、

2 [名前を付けて保存]をクリックします。

3 ファイルの名前（ここでは、[文字入力の練習]）を入力し、

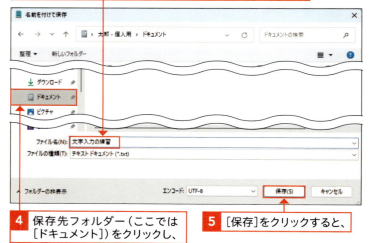

4 保存先フォルダー（ここでは[ドキュメント]）をクリックし、

5 [保存]をクリックすると、

6 ファイルが保存されます。

注意
ファイル名に使えない文字

ファイル名には、使えない文字があります。以下の半角文字は、ファイル名には使えません。

\ / ? : * " > < |

7 アプリのタイトルバーにファイル名が表示されます。

2 アプリを終了する

解説
アプリの終了

利用中のアプリを終了したいときは、アプリの右上にある×をクリックします。また、通常、アプリは、[ファイル]をクリックすることで表示されるメニューからも終了できます。

1 終了したいアプリ（ここでは、「メモ帳」）の×をクリックすると、

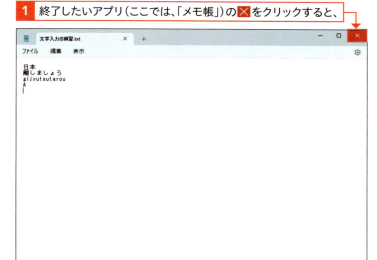

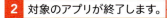

2 対象のアプリが終了します。

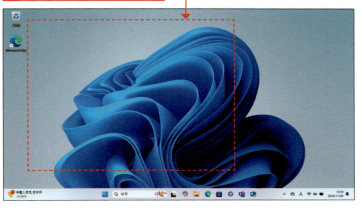

補足
ダイアログボックスが表示される

ファイルに保存するかどうかをたずねるダイアログボックスが表示されたときは、ダイアログボックスの内容に従って、保存／保存しない、キャンセルなどの選択を行ってください。

応用技　日本語IMEのオン／オフに利用するキーをカスタマイズする

Windows 11に備わっている日本語IME「Microsoft IME」は、日本語IMEのオン／オフに割り当てるキーを任意のキーに変更できます。ここでは、変換を日本語IMEの「オン」、無変換を「オフ」に割り当てるカスタマイズを例に、キーの割り当ての変更方法を解説します。

1 タスクバーの右隅にあるＡまたはあを右クリックすると、

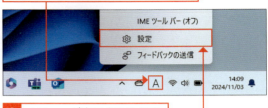

2 メニューが表示されるので[設定]をクリックします。

3 [キーとタッチのカスタマイズ]をクリックします。

4 キーの割り当ての ◯ をクリックして ◉ にします。

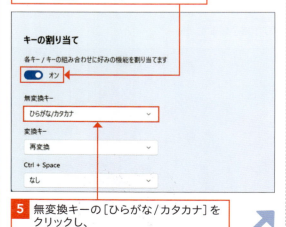

5 無変換キーの[ひらがな/カタカナ]をクリックし、

6 [IME-オフ]をクリックします。

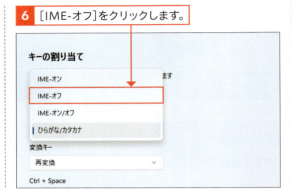

7 無変換キーが「IME-オフ」に設定されます。

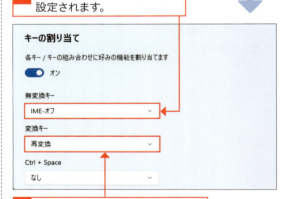

8 変換キーの[再変換]をクリックし、

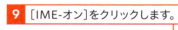

9 [IME-オン]をクリックします。

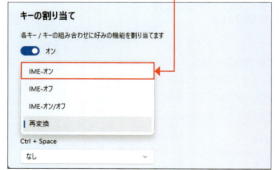

10 変換キーが「IME-オン」に設定されます。

第 **3** 章

ファイルを利用しよう

Section 14　ファイルやフォルダーを表示しよう

Section 15　新しいフォルダーを作成しよう

Section 16　ファイルやフォルダーをコピーしよう

Section 17　ファイルやフォルダーを移動／削除しよう

Section 18　ファイルを圧縮／展開しよう

Section 19　外部機器を接続しよう

Section 20　USBメモリーにデータを保存しよう

Section 21　OneDriveにデータを保存しよう

Section 22　CD-RやDVD-Rへ書き込もう

Section 14 ファイルやフォルダーを表示しよう

ここで学ぶこと
・エクスプローラー
・画面構成
・フォルダーの表示

Windows 11には、ファイルやフォルダーを操作するためのアプリとして**エクスプローラー**を用意しています。エクスプローラーを使うと、ファイルやフォルダーの**コピー**や**移動**、**削除**、**名前の変更**といったさまざまな操作を行えます。

1 エクスプローラーでフォルダーの内容を表示する

解説　エクスプローラーとは

フォルダー内のファイルの表示やファイル／フォルダーのコピー、移動、削除、名前の変更などの操作を行うときに利用するのが、エクスプローラーです。エクスプローラーは、タスクバーの をクリックすることで起動します。

1 タスクバーの （［エクスプローラー］）をクリックすると、

2 エクスプローラーが起動します。

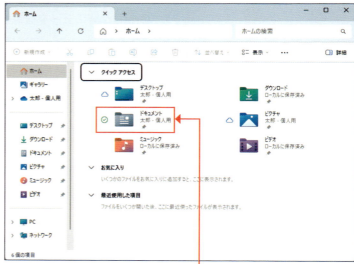

3 ［ドキュメント］をダブルクリックすると、

補足　エクスプローラーのデザイン

Windows 11のエクスプローラーでは、視覚的な一貫性や直感的な操作体験を実現すべく、定期的な改良が行われています。

ヒント アイコンの大きさを変更する

エクスプローラーで表示されるファイルやフォルダーのアイコンは、大きさを変更できます。アイコンの大きさは、ツールバーの［表示］をクリックすると表示されるメニューから選択できます。ここでは、「ドキュメント」フォルダー内のアイコンの大きさを「詳細」で解説しています。

④ 「ドキュメント」フォルダーの内容が表示されます。

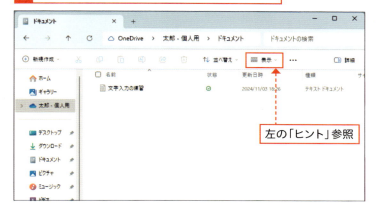

左の「ヒント」参照

ヒント エクスプローラーの画面構成

ファイルやフォルダーの操作に使用するエクスプローラーは、画面左側（左ペイン）にナビゲーションウィンドウが表示され、画面中央にはあらかじめ用意されているフォルダーやよく使用するフォルダー、最近使用したファイルなどが表示されます。また、ナビゲーションウィンドウのクイックアクセスには、利用頻度の高いフォルダーへのリンクが表示されます。なお、タッチパネルを備えたパソコンでは、通常、フォルダーやファイルのアイコンの左横に「項目チェックボックス」が表示されます。エクスプローラーは、以下のような画面構成です。

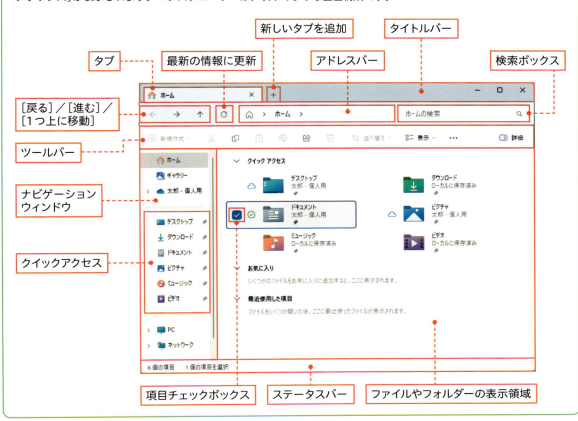

② タブを利用する

解説

タブの分離と結合

タブを利用すると1つのウィンドウ内で複数のフォルダーを操作できます。また、タブは、分離してその内容を新しいウィンドウで表示できるほか、タブを別のウィンドウに移動させて結合することもできます。ここでは、タブを新規作成し、作成したタブを新しいウィンドウで表示する方法を説明します。

補足

タブを別のウィンドウに移動する

タブを別のエクスプローラーのタブ領域にドラッグ＆ドロップすると、そのタブを移動できます。また、タブを移動させた場合、そのウィンドウで利用したタブが1つのみだった場合は、そのウィンドウは自動的に閉じます。

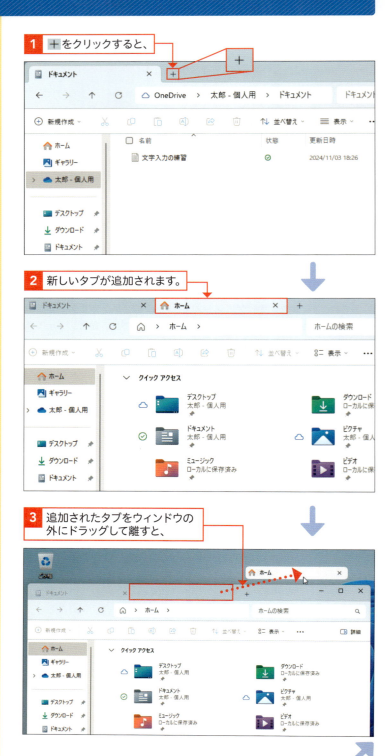

1 をクリックすると、

2 新しいタブが追加されます。

3 追加されたタブをウィンドウの外にドラッグして離すと、

タブを閉じる

タブを閉じたいときは、閉じたいタブの☒をクリックします。ウィンドウで開いているタブが1つのときは、タブが閉じるとともにウィンドウも閉じます。2つ以上あるときは、☒をクリックしたタブのみが閉じます。

4 タブが新しいウィンドウとして切り離されます。

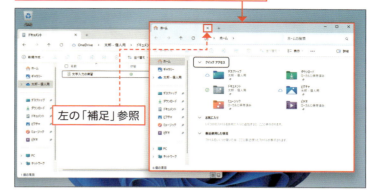

左の「補足」参照

③ フォルダーを新しいウィンドウで開く

フォルダーをタブで開く

右の手順2で[新しいタブで開く]をクリックすると、そのフォルダーを新しいタブで開きます。

1 エクスプローラーを起動し、フォルダー（ここでは[ドキュメント]）を右クリックして、

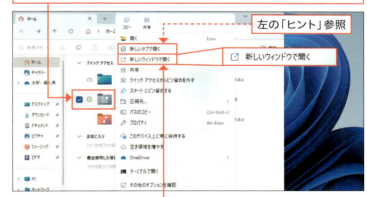

左の「ヒント」参照

2 [新しいウィンドウで開く]をクリックします。

3 フォルダー（ここでは[ドキュメント]）の内容が新しいウィンドウで表示されます。

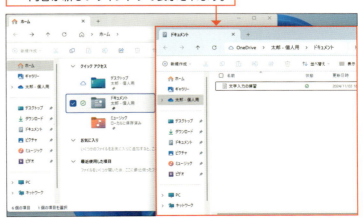

65

Section 15 新しいフォルダーを作成しよう

ここで学ぶこと
・フォルダーの新規作成
・ファイルの分類
・保管

フォルダーは、ファイルを分類して整理するときに利用する**保管場所**です。フォルダーを利用して関係のあるファイルをまとめて保存しておけば、**目的のファイルが見つけやすく**なります。

1 エクスプローラーで新しいフォルダーを作成する

解説

フォルダーの作成

エクスプローラーで新しいフォルダーを作成するときは、ツールバーの［新規作成］をクリックし、表示されたメニューから［フォルダー］をクリックします。右の手順では、「ドキュメント」フォルダー内に新しいフォルダーを作成する手順を例に新しいフォルダーの作成手順を説明しています。

ヒント

キーボードショートカットで作成する

エクスプローラーでは、キーボードショートカットで新しいフォルダーを作成することもできます。キーボードショートカットで新しいフォルダーを作成するときは、Ctrlを押しながらShiftを押し、続けてNを押します。

1 ［新規作成］をクリックし、

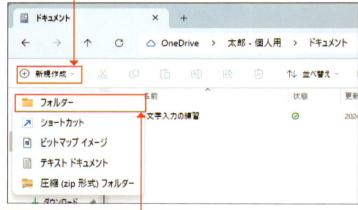

2 ［フォルダー］をクリックします。

3 新しいフォルダーが作成され、名前の入力状態になります。

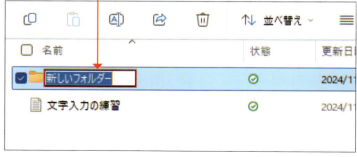

ヒント

フォルダーやファイルの名前を変更する

フォルダー／ファイルの名前は、名前を変更したいフォルダー／ファイルを選択し、をクリックすることで行います。また、名前を変更したいフォルダー／ファイルを右クリックし、表示されたメニューにあるをクリックすることでも行えます。

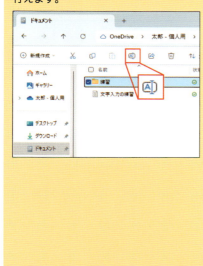

4 フォルダーの名前（ここでは、[練習]）を入力し、

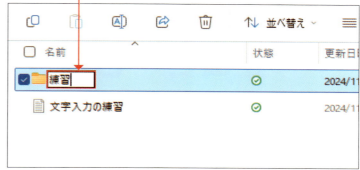

5 Enterを押すか、ファイル名以外の場所をクリックします。

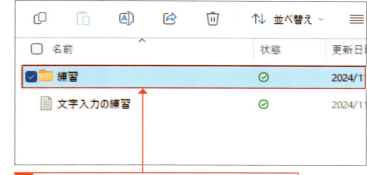

6 手順4で入力した名前のフォルダーが作成されます。

補足　デスクトップに新しいフォルダーを作成する

デスクトップに新しいフォルダーを作成したいときは、右クリックメニューを利用します。デスクトップの何もない場所を右クリックしてメニューを表示し、[新規作成]→[フォルダー]の順にクリックすることで新しいフォルダーを作成できます。なお、エクスプローラーも同様の操作で右クリックメニューから新しいフォルダーを作成できます。

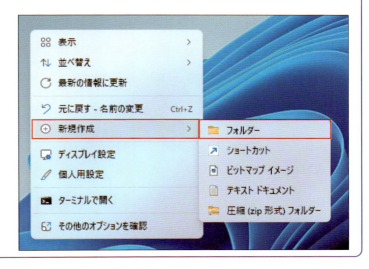

Section 16 ファイルやフォルダーをコピーしよう

ここで学ぶこと
- エクスプローラー
- コピー／貼り付け
- ドラッグ＆ドロップ

ファイルやフォルダーの操作において基本操作の1つが、**コピーの作成**です。ファイルやフォルダーのコピーの作成は、エクスプローラーで行えるほか、ドラッグ＆ドロップやキーボードショートカットなど複数の方法で行えます。

① ファイルをフォルダーにコピーする

解説

コピーを作成する

ファイルやフォルダーのコピーでは、オリジナルと完全に一致したファイルやフォルダーを作成できます。右の手順では、エクスプローラーのツールバーにある （[コピー]）と （[貼り付け]）を利用して選択したファイルのコピーを別のフォルダー内に作成する手順を説明しています。同じ手順でフォルダーを選択すると、そのフォルダーのコピーを作成できます。

1 コピーを作成したいファイル（ここでは、[文字入力の練習]）をクリックし、

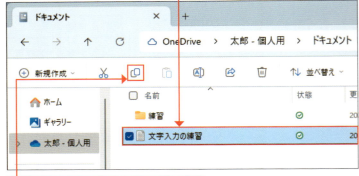

2 ツールバーの をクリックします。

3 コピー先フォルダー（ここでは、[練習]）をダブルクリックして開きます。

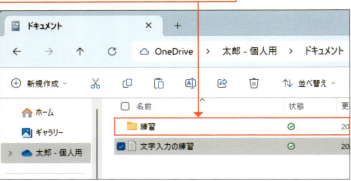

補足

キーボードショートカットを利用する

キーボードショートカットを利用して、ファイルやフォルダーをコピーするには、コピーしたいファイルやフォルダーをクリックして選択し、Ctrlを押しながらCを押します。続いて、コピー先フォルダーを開いてCtrlを押しながらVを押すと、選択したファイルやフォルダーのコピーが作成されます。

4 ツールバーの 🗐 をクリックすると、

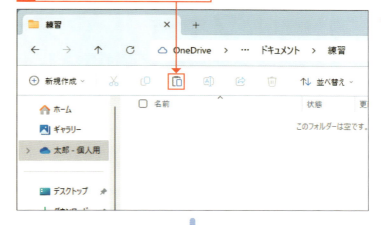

5 ファイルのコピーが作成されます。

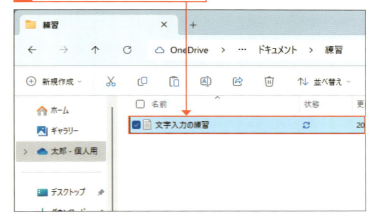

 ドラッグ＆ドロップでコピーを作成する

Ctrlを押しながらファイル／フォルダーをコピー先フォルダーにドラッグ＆ドロップすると、そのファイル／フォルダーのコピーを作成できます。なお、Ctrlを押さずにドラッグ＆ドロップすると、移動操作になる場合があります。ドラッグ＆ドロップを利用する場合は、ファイル／フォルダーをドラッグした場合に表示される操作内容を必ず確認してください。

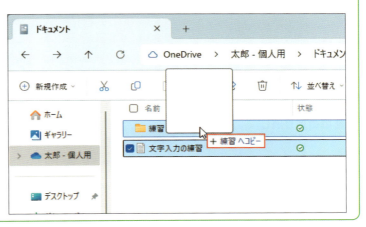

16 ファイルやフォルダーをコピーしよう

3 ファイルを利用しよう

Section 17 ファイルやフォルダーを移動／削除しよう

ここで学ぶこと
・ドラッグ＆ドロップ
・移動
・ごみ箱

ファイルやフォルダーの**移動**や**削除**は、**ドラッグ操作**で行います。ファイルやフォルダーの移動は、移動したいフォルダーにドラッグ＆ドロップします。また、ファイルやフォルダーの削除は、ごみ箱にドラッグ＆ドロップします。

1 ファイルをフォルダーに移動する

解説　ファイル／フォルダーの移動

ファイルやフォルダーの移動は、ドラッグ操作でかんたんに行えます。右の手順では、ファイルの移動方法を例に解説していますが、フォルダーも同じ手順で移動できます。

ヒント　移動の取り消し

間違ったフォルダーにファイル／フォルダーを移動した場合は、Ctrlを押しながらZを押すと、移動前の状態に戻せます。

1 移動したいファイル（ここでは[文字入力の練習]）をドラッグし、移動したいフォルダーに重ねると、

2 [フォルダー名へ移動（ここでは[練習へ移動]）と表示されるので、マウスボタンから指を離します。

3 ファイルがフォルダーの中に移動します。

② 不要なファイルをごみ箱に捨てる

解説

ごみ箱にファイル／フォルダーを捨てる

ファイル／フォルダーをごみ箱に捨てるときは、右の手順でごみ箱に移動するか、ごみ箱に移したいファイル／フォルダーを選択し、エクスプローラーのツールバーにある 🗑 をクリックします。なお、ごみ箱にファイル／フォルダーを移しただけでは実ファイルの削除は行われていません。下のヒントを参考にごみ箱からファイル／フォルダーを取り出せます。

ごみ箱の中からファイル／フォルダーを戻す

ごみ箱にあるファイルやフォルダーをもとに戻したいときは、［ごみ箱］をダブルクリックして開き、もとの場所に戻したいファイル／フォルダーをクリックして選択し、ツールバーの［選択した項目を元に戻す］をクリックします。また、ファイル／フォルダーを別の場所へドラッグ＆ドロップしても、ごみ箱から取り出せます。

1 削除したいファイルまたはフォルダー（ここでは、［文字入力の練習］）をドラッグし、ごみ箱に重ねると、

2 ［ごみ箱へ移動］と表示されるので、マウスボタンから指を離します。

3 ファイル／フォルダーがごみ箱に移され、ごみ箱のアイコンのデザインが変わります。

補足　ツールバーに表示される項目について

ツールバーに表示される項目の数は、エクスプローラーのウィンドウサイズによって異なります。目的の項目が表示されていないときは、••• （［もっと見る］）をクリックすると、表示されていない項目のリストがメニューで表示されます。

Section 18 ファイルを圧縮／展開しよう

ここで学ぶこと
- 圧縮
- 圧縮ファイルの展開
- エクスプローラー

ファイルの**圧縮**とは、もとのファイルよりも小さな容量のファイルを作成することです。複数のファイルやフォルダーを1つのファイルにまとめることもできます。また、圧縮されたファイルは、**展開**することでもとの状態に戻せます。

① ファイルを圧縮する

ファイル／フォルダーの圧縮

ファイルやフォルダーの圧縮（アーカイブ）は、右の手順で行います。また、右の手順では、フォルダー内のすべてのファイルを圧縮していますが、ファイル単体を圧縮することもできます。複数のファイルやフォルダーを選択すると、それらを1つファイルに圧縮できます。Windows 11では、広く普及しているZIPファイル以外にも、7zファイル（7zip）やTARファイルにも対応しています。

ヒント

ファイルをまとめて選択する

手順①で Ctrl を押しながら A を押すと、フォルダー内のファイルをすべて選択できます。1つ1つファイルを選択する場合は、Ctrl を押しながらファイルをクリックしていきます。また、ファイルをクリックし、Shift を押しながら別のファイルをクリックすると、最初にクリックしたファイルから最後にクリックしたファイル間のファイルすべてが選択されます。

1 圧縮したいファイルやフォルダーが収められたフォルダーをエクスプローラーで開き、

2 … をクリックし、

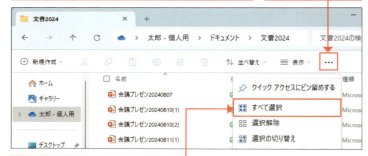

3 [すべて選択]をクリックします。

4 ファイルがすべて選択されます。

5 適当なファイルまたはフォルダーの上で右クリックし、

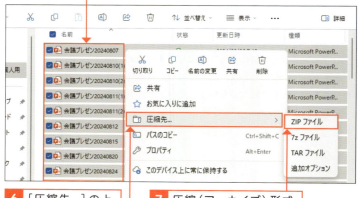

6 [圧縮先...]の上にマウスポインターを移動させ、

7 圧縮（アーカイブ）形式（ここでは[ZIPファイル]）をクリックします。

補足

… (もっと見る)から ZIPファイルに圧縮する

ZIPファイルの作成は、… (もっと見る) をクリックして表示されるメニューから、[ZIPファイルに圧縮する]をクリックすることでも作成できます。

注意

圧縮後のファイルサイズについて

ファイルの種類によっては、圧縮しても容量が減らない場合があります。たとえば、写真で一般的なJPEG形式や、電子文書でよく使われるPDF形式のファイルは、圧縮してもファイルサイズはほとんど変化しません。

8 ファイル／フォルダーの圧縮が行われます。

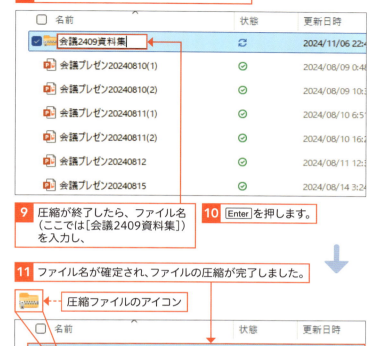

9 圧縮が終了したら、ファイル名（ここでは[会議2409資料集]）を入力し、

10 Enter を押します。

11 ファイル名が確定され、ファイルの圧縮が完了しました。

ヒント 詳細設定を行ってファイル／フォルダーを圧縮する

左ページの手順7の画面で[追加オプション]をクリックすると、「アーカイブの作成」画面が表示され、「アーカイブの形式」や「圧縮方法」、「圧縮レベル」などの詳細設定を行って圧縮ファイルを作成できます。アーカイブの形式は、単一または複数のファイルやフォルダーを1つのファイルにまとめる形式の設定です。ZIP、7Zip、tarなどから選択できます。圧縮方法は、データ圧縮に利用するアルゴリズムの設定、圧縮レベルは速度／ファイルサイズの設定です。速度を速くするとファイルサイズが大きくなり、遅くするとファイルサイズが小さくなります。

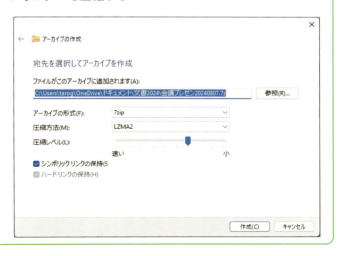

❷ 圧縮されたファイルをすべて展開する

圧縮ファイルを展開する

圧縮されたファイルは、そのままではアプリなどで開くことができません。「展開」または、「解凍」と呼ばれる処理を行って、圧縮されたファイルをもとの状態に戻す必要があります。2024年11月現在のWindows 11の最新バージョン「24H2」では、「.zip」「.tar」「.gz」「.rar」「.7z」形式の圧縮ファイルが解凍できます。右の手順では、「.zip」形式のファイルを展開していますが、ほかの形式も同じ手順でファイルの展開が行えます。なお、手順❷の[すべて展開]が表示されていないときは、•••をクリックするか、ウィンドウの幅を広げると表示できます。

展開先を変更する

Windows 11では、通常、圧縮ファイルと同じフォルダー内に新規フォルダーを作成して圧縮ファイルを展開します。展開先を変更したいときは、右の手順❸で[参照]をクリックして、展開先のフォルダーを指定してください。

右クリックメニューから展開する

圧縮ファイルの展開は、右クリックメニューからも行えます。右クリックメニューを利用するときは、展開したい圧縮ファイルを右クリックするとメニューが表示されるので、[すべて展開]をクリックします。

1 展開したい圧縮ファイルをクリックして選択し、

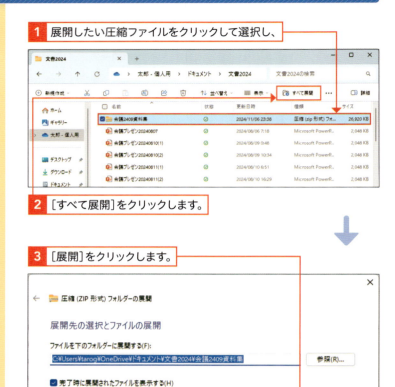

2 [すべて展開]をクリックします。

3 [展開]をクリックします。

4 展開が完了すると、新しいウィンドウが開き、圧縮されていたファイル／フォルダーが表示されます。

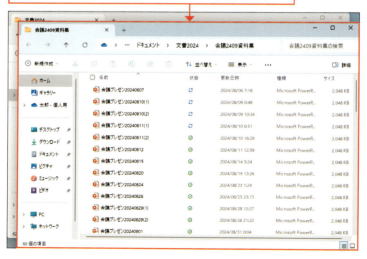

③ 特定のファイル／フォルダーのみを展開する

💬 解説

特定ファイル／フォルダーの展開

圧縮ファイルに収められている特定のファイルやフォルダーのみを展開したいときは、右の手順に従って操作します。右の手順では、1つのファイルのみを展開していますが、複数のファイル／フォルダーをまとめてドラッグ＆ドロップすると、複数ファイル／フォルダーを展開できます。

1 圧縮ファイルをダブルクリックします。

2 圧縮ファイル内のファイル／フォルダーが表示されます。

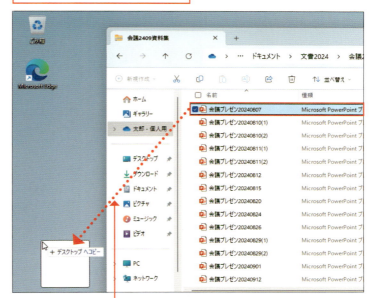

3 展開したいファイル／フォルダー（ここでは［会議プレゼン20230807.pptx］）を展開先（ここでは［デスクトップ］）にドラッグ＆ドロップします。

4 ドラッグ＆ドロップしたファイル／フォルダーだけが展開されます。

✨ 応用技

圧縮ファイル内の編集

右の手順で表示された圧縮ファイル内のファイル／フォルダーは、削除したり、新しいファイル／フォルダーを追加したりできます。新しいファイルを追加したいときは、右の手順で開いたウィンドウに別のウィンドウからファイル／フォルダーをドラッグ＆ドロップします。

Section 19 外部機器を接続しよう

ここで学ぶこと
- USBポート
- 増設
- USBメモリー

パソコンに備わっている**USBポート**を利用すると、さまざまな**外部機器を増設**できます。たとえば、USBメモリーやUSB HDD、外付け光学ドライブ、キーボードやマウス、Webカメラなどの機器を増設できます。

① USBメモリー／USB HDDをパソコンに接続する

解説

外部機器を接続する

USBメモリーやUSB HDDなどUSBポートを利用する機器を増設する場合は、右の手順で機器の接続を行います。なお、利用するUSB機器によっては、機器の接続前またはあとにソフトウェアのインストールを求められる場合があります。事前にマニュアルなどで接続手順を確認してから作業を行ってください。

1 パソコンのUSBポートにUSB機器（ここでは「USBメモリー」）を接続します。

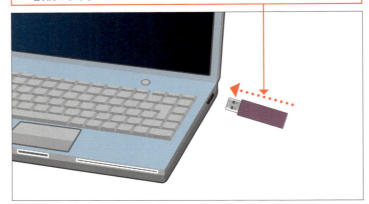

2 通知バナーが表示されるので、クリックします。

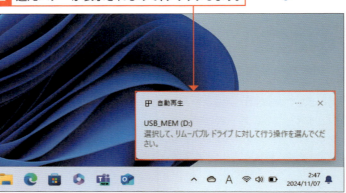

ヒント

通知バナーについて

通知バナーは、通常、はじめてパソコンに機器を接続したときに表示され、次回からは表示されない場合があります。

補足
通知バナーが消えてしまったときは

通知バナーが消えてしまったときは、エクスプローラーを起動し、ナビゲーションウィンドウのUSBメモリーのアイコンをクリックすると、USBメモリーの内容が表示されます。

補足
SDメモリーカードを利用したいときは

SDメモリーカードを利用するときは、パソコンに備わっているSDメモリーカードスロットにSDメモリーカードをセットします。また、パソコンがSDメモリーカードスロットを備えていない場合は、USB接続のSDメモリーカードリーダーを利用します。

3 自動再生の選択画面が表示されたときは [フォルダーを開いてファイルを表示] をクリックします。

4 エクスプローラーが起動し、USBメモリーの内容が表示されます。

左下段の「補足」参照

ヒント　USBポートの数が足りないときは

USBポートに接続したい機器が、パソコンが備えるUSBポートの数よりも多いときは、「USBハブ」を増設してください。USBハブとは、利用可能なUSBポートの数を増やすための機器です。パソコンのUSBポートにUSBハブを接続するだけで、USBポートの数を増やすことができます。

Section 20 USBメモリーにデータを保存しよう

ここで学ぶこと
・USBメモリー
・USB HDD
・コピー

USBメモリーやUSB HDDにパソコン内の**データを保存**したり、保存されているデータをデスクトップや「ピクチャ」フォルダーなどに**コピー**したりしたいときは、**エクスプローラー**を利用します。

① USBメモリー／USB HDDにファイルやフォルダーを保存する

解説
ファイルやフォルダーをコピーする

エクスプローラーのツールバーにある ([コピー]) と ([貼り付け]) を利用すると、選択したファイル／フォルダーをUSBメモリーやUSB HDDにコピーできます。右の手順では、USBメモリーを例にファイル／フォルダーをコピーする方法を例に説明していますが、USB HDDやSDメモリーカードでも同じ手順でコピーできます。

補足
HDDとは

HDD（ハードディスクドライブ）は、パソコンやテレビ録画を行う機器などで利用されている記憶装置です。磁気ディスクを用いており、USBメモリなどの不揮発メモリを採用した記憶装置と比べて、同じ記憶容量ならより安価に購入できる点が特徴です。

1 USBメモリーをパソコンに接続しておきます。

2 USBメモリーに保存したいファイルがあるフォルダー（ここでは、[ドキュメント]）を開きます。

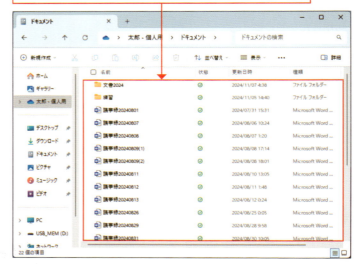

3 USBメモリーに保存したいファイル／フォルダーをクリックし、

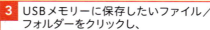

4 をクリックします。

コピーを中止したいときは

ファイルやフォルダーのコピーを中止したいときは、ファイルコピーマネージャーの ✕ をクリックします。また、[詳細情報]をクリックするとファイルコピーの転送速度を表示できます。

ドラッグ＆ドロップでコピーする

ファイル／フォルダーのコピーは、コピーしたいファイル／フォルダーをナビゲーションウィンドウのUSBメモリーのドライブアイコンにドラッグ＆ドロップすることでも行えます。また、それぞれ別々のウィンドウで開き、コピーしたいファイル／フォルダーをUSBメモリーのウィンドウにドラッグ＆ドロップすることでも行えます。

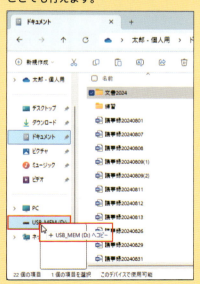

5 コピー先のUSBメモリー（ここでは、[USB_MEM(D:)]）をクリックし、

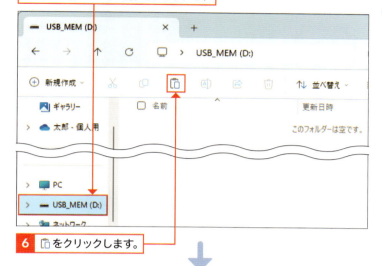

6 をクリックします。

7 ファイルコピーマネージャーが表示され、ファイル／フォルダーのコピーが行われます。

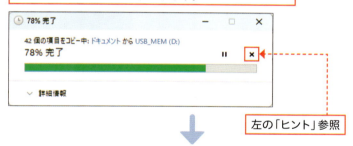

左の「ヒント」参照

8 コピーが終了するとファイルコピーマネージャーが自動的に終了し、

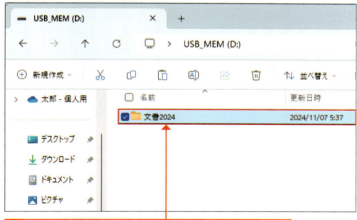

9 ファイルまたはフォルダーがコピーされていることが確認できます。

② USBメモリー／USB HDDを取り外す

解説

USBメモリー／USB HDDの取り外し

USBメモリー／USB HDDは、右の手順で取り出し処理を行ってから、取り外してください。右の手順を行わずに取り外すと、書き込み中のデータが正しく保存されず、USBメモリー／USB HDD内にあるファイルが破壊されてしまう可能性があります。なお、右の手順 2 の［取り出す］が表示されていない場合は、… をクリックするか、ウィンドウの幅を広くすると表示されます。

補足

右クリックメニューから取り外す

USBメモリー／USB HDDの取り外しは、ナビゲーションウィンドウのUSBメモリーのドライブアイコンを右クリックし、表示されたメニューから［取り出し］をクリックすることでも行えます。

1 ナビゲーションウィンドウの［USBメモリーのドライブアイコン（ここでは、［USB_MEM（D:）］）をクリックし、

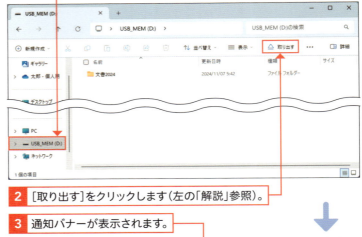

2 ［取り出す］をクリックします（左の「解説」参照）。

3 通知バナーが表示されます。

4 USBメモリーを取り外します。

③ USBメモリー／USB HDDをフォーマットする

解説

フォーマットを行う

フォーマットは、USBメモリー／USB HDD内のデータをすべて消去し、OS（ここでは、「Windows 11」）で利用可能な状態にすることです。USBメモリー／USB HDD内のすべてのデータを消去したいときは、右の手順でフォーマットを行います。ここでは、USBメモリーのフォーマットを例に説明していますが、USB HDDも同じ手順でフォーマットを行えます。

1 ナビゲーションウィンドウの［USBメモリーのドライブアイコン（ここでは、［USB_MEM（D:）］）をクリックし、

2 … をクリックします。

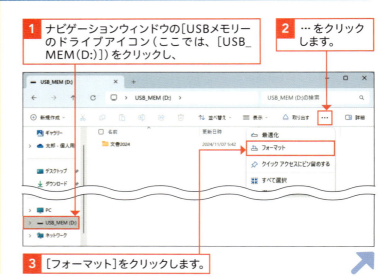

3 ［フォーマット］をクリックします。

⚠️ 注意

データの確認

フォーマットを行うと、USBメモリー／USB HDD内のデータはすべて消去されます。フォーマットは、必要なデータが残っていないかを確認してから行ってください。

✏️ 補足

ボリュームラベルとは

ボリュームラベルとは、ドライブなどに付ける任意の名称です。エクスプローラーではドライブ文字（D:やE:など）とともにこの名称が表示されます。ボリュームラベルの入力は必須ではありません。

💡 ヒント

**右クリックメニューから
フォーマットする**

USBメモリー／USB HDDのフォーマットは、ナビゲーションウィンドウのUSBメモリーのドライブアイコンを右クリックし、表示されたメニューから［フォーマット］をクリックすることでも行えます。

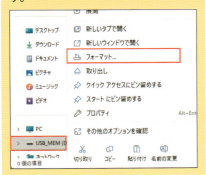

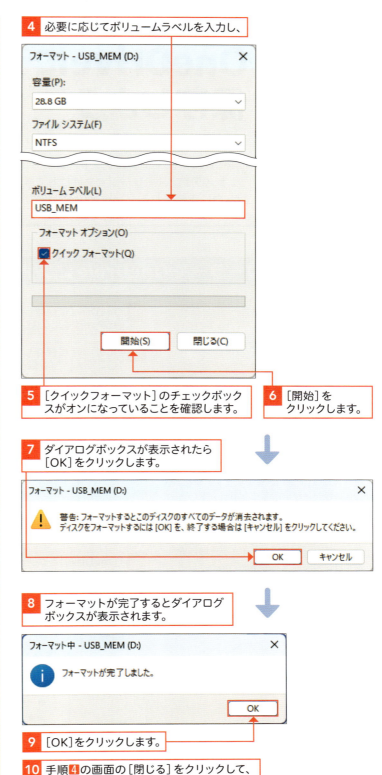

4 必要に応じてボリュームラベルを入力し、

5 ［クイックフォーマット］のチェックボックスがオンになっていることを確認します。

6 ［開始］をクリックします。

7 ダイアログボックスが表示されたら［OK］をクリックします。

8 フォーマットが完了するとダイアログボックスが表示されます。

9 ［OK］をクリックします。

10 手順4の画面の［閉じる］をクリックして、フォーマット画面を終了します。

Section 21 OneDriveにデータを保存しよう

ここで学ぶこと
- OneDrive
- アップロード
- 同期状態

OneDriveは、マイクロソフトが提供している**インターネット上のデータ保管庫**です。オンラインストレージとも呼ばれます。エクスプローラーのナビゲーションウィンドウに表示される「OneDrive」フォルダーを通して利用できます。

① エクスプローラーでOneDriveにファイルを保存する

解説

OneDriveにデータを保存する

インターネット上のデータ保管庫であるOneDriveは、通常、エクスプローラーの「OneDrive」フォルダーを通して利用します。「OneDrive」フォルダーは、ナビゲーションウィンドウ上部に「☁ +[名称]-個人用(ここでは「☁ 太郎-個人用」)」の形式で表示されています。また、「OneDrive」フォルダーの内容とインターネット上のOneDriveの内容は常に同じになるように同期されています。パソコン内の「OneDrive」フォルダーの内容またはインターネット上のOneDriveの内容を変更すると、その結果はそれぞれに自動的に反映されます。

1 OneDriveに保存したいファイルがあるフォルダー(ここでは、[ビデオ])をエクスプローラーで開きます。

2 OneDriveに保存したいファイル/フォルダー(ここでは[ワイン動画])をクリックし、

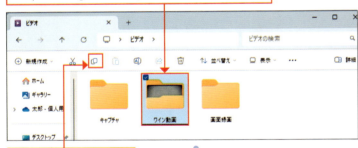

3 をクリックします。

4 [OneDrive]をクリックします。

5 をクリックします。

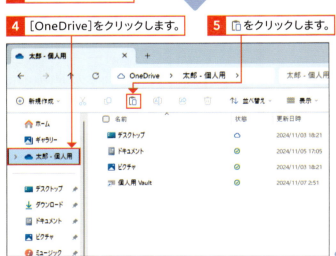

OneDriveの容量は

OneDriveは、Microsoftアカウントを取得していれば無償で「5GB」の容量を利用できます。また、Microsoft 365 Personalを利用しているユーザーは、「1TB」の容量を追加費用なしで利用できます。

自動保存を設定しているときは

「デスクトップ」や「ドキュメント」フォルダー、「ピクチャ」（または「画像」）フォルダーをOneDriveに自動保存する設定（86ページ参照）を行うと、クイックアクセスにあるこれらのフォルダーの参照先が「OneDrive」フォルダー内の「デスクトップ」「ドキュメント」、「ピクチャ」または「画像」に変更されます。このため、エクスプローラーでこれらのフォルダーに保存したファイルは、常に「OneDrive」フォルダー内に保存されます。

6 ファイル／フォルダーがコピーされ、状態を示すアイコンに 🔄 が表示されます。

7 OneDriveへのアップロードが完了すると、状態を示すアイコンが ✓ に変わります。

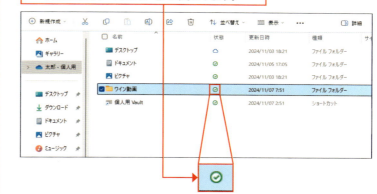

  「OneDrive」フォルダーの状態を示すアイコンの形状

「OneDrive」フォルダー内のファイルやフォルダーは、状態を示すアイコンを確認することで、そのファイルやフォルダーが現在どのような状態なのかを知ることができます。OnDriveのファイル／フォルダーには4種類の状態を示すアイコンがあります。

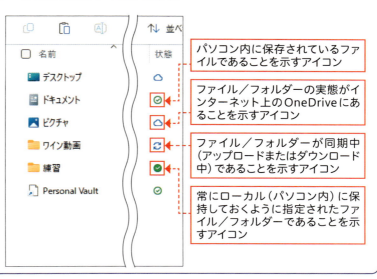

- パソコン内に保存されているファイルであることを示すアイコン
- ファイル／フォルダーの実態がインターネット上のOneDriveにあることを示すアイコン
- ファイル／フォルダーが同期中（アップロードまたはダウンロード中）であることを示すアイコン
- 常にローカル（パソコン内）に保持しておくように指定されたファイル／フォルダーであることを示すアイコン

❷ WebブラウザーでOneDriveを操作する

💬 解説

WebブラウザーでOneDriveを利用する

OneDriveは、Microsoft EdgeなどのWebブラウザーからOneDriveのURL（https://onedrive.live.com）を開くことでも各種操作が行えます。ネットカフェに設置されたパソコンからOneDrive内のファイル／フォルダーを操作したいときはWebブラウザーを利用します。

💡 ヒント

サインイン画面が表示される

ネットカフェに設置されたパソコンなど、外出先のパソコンでOneDriveのURLを開いたときは、手順❸のあとにOneDriveへの［サインイン］画面が表示され、Microsoftアカウントでサインインを行うと、手順❹の画面が表示されます。

---

1 Microsoft Edgeを起動し（102ページ参照）、OneDriveのURL（https://onedrive.live.com）を開きます。

2 OneDriveの説明ページが表示されます。

3 ［サインイン］をクリックします。

4 おすすめや最近使用したファイルが表示されます。

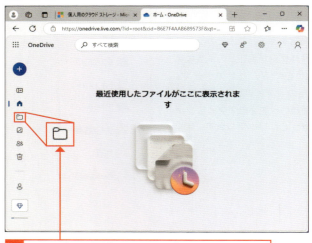

5 サイドバーの 📁 ［マイファイル］をクリックします。

ヒント

ファイルやフォルダーを操作する

WebブラウザーでインターネットのOneDrive内にあるファイルやフォルダーの操作を行うときは、操作を行いたいファイルやフォルダーの上にマウスポインターを移動して、チェックをオンにして選択し、[削除] や [移動]、[コピー] などをクリックすると、ファイルやフォルダーの削除や移動、コピーが行えます。また、ファイルのリンクが表示された状態でクリックすると、そのファイルの内容を表示できます。

6 OneDrive内のファイルやフォルダーが表示されます。

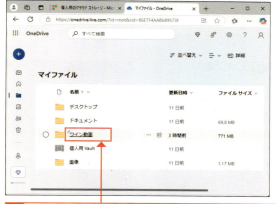

7 閲覧したいフォルダー（ここでは[ワイン動画]）の上にマウスポインターを移動させてリンクをクリックします。

8 クリックしたフォルダー内のファイルが表示されます。

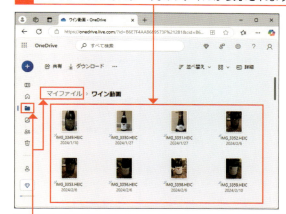

9 サイドバーの 📁 [マイファイル] または [マイファイル] をクリックすると、手順 **6** の画面に戻ります。

 ファイル／フォルダーのアップロード／ダウンロード

ファイル／フォルダーをアップロードしたいときは、エクスプローラーからファイル／フォルダーをドラッグ＆ドロップします。また、OneDriveの [ダウンロード] をクリックすると、現在閲覧中のフォルダー内のすべてのファイル／フォルダーを圧縮してダウンロードします。個別のフォルダー／ファイルをダウンロードしたいときは、そのファイルやフォルダーのチェックをオンにして選択し、[ダウンロード] をクリックします。

❸ Windowsバックアップの設定を確認／変更する

💬 解説

Windowsバックアップとは

ここでのWindowsバックアップとは、OneDriveを利用したバックアップ機能のことです。Windows 11にインストールしたアプリやWi-Fiの接続情報、言語や壁紙などの各種設定に加え、特定のフォルダー内のデータをOneDriveにバックアップしておき、Windowsの再インストール時などに復元できます。この機能は、2024年11月現在のWindows 11の最新バージョン「24H2」では、通常、「オン」に設定されています。右の手順では、この設定のオン／オフを確認しています。また、この機能をオフに切り替えたい場合は、次ページのヒントを参照してください。

✨ 応用技

スクリーンショットや写真を自動保存する

手順4の画面で[デバイスの写真やビデオの保存]を[オン]🔘にすると、カメラで撮影した写真やiPhone、Androidスマートフォンなどから取り込んだ写真をOneDriveに自動保存できます。[作成したスクリーンショットをOneDriveに保存する]を[オン]🔘にすると、スクリーンショットをOneDriveに自動保存できます。

1 タスクバー右端にある☁をクリックします。
2 ⚙をクリックし、
3 [設定]をクリックします。
4 OneDriveの設定画面が表示されます。
5 [同期とバックアップ]をクリックし、
6 [バックアップを管理]をクリックします。
7 「このPCのフォルダーを…」画面が表示されます。

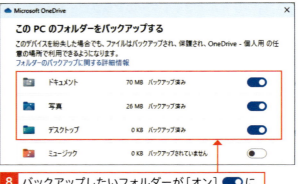

8 バックアップしたいフォルダーが[オン]🔘になっていれば、バックアップが実行されています。

ヒント **Windowsバックアップをオフにする**

Windowsバックアップでドキュメントや写真、デスクトップなどのフォルダーのバックアップを停止したいときは、以下の手順で設定します。また、インストールしたアプリやWi-Fiの接続情報、言語や壁紙などの各種設定のバックアップのオン／オフの切り替えは、「設定」から行います。

フォルダーのバックアップを停止する

1 左ページの手順7の「このPCのフォルダーを…」画面を表示し、

2 バックアップを停止したいフォルダーの ●をクリックします。

3 「フォルダーのバックアップを停止しますか？」ダイアログボックスが表示されます。

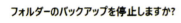

4 [バックアップを停止]をクリックします。

5 バックアップを停止したいフォルダーの ● が ● になり、設定がオフになります。

6 ほかのフォルダーも停止したいときは同じ操作を繰り返し行います。

7 すべてのフォルダーの設定が終わったら、

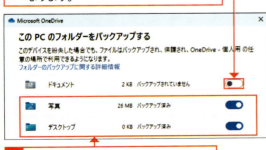

8 [閉じる]をクリックします。

各種設定のバックアップを停止する

1 26ページの手順を参考に「設定」を開き、

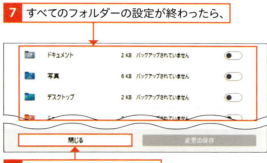

2 [アカウント]をクリックし、

3 [Windowsバックアップ]をクリックします。

4 [アプリを記憶]と[自分の設定を保存する]の ● をクリックして[オフ] ● にします。

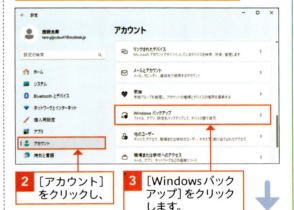

Section 22 | CD-RやDVD-Rへ書き込もう

ここで学ぶこと
- ライブファイルシステム
- マスター
- 光学ディスク

大切な写真やアプリで作成した文書などを友人に渡したり、万が一に備えたバックアップを作成したりするときは、長期保存が行え、広く普及している**CD-R**や**DVD-R**などの光学ディスクに書き込むのがお勧めです。

① ライブファイルシステムでデータを書き込む

解説
光学ディスクに書き込む

CD-RやDVD-R、BD-Rなどの光学ディスクにデータを書き込む方法には、USBメモリーと同じように使用できる「ライブファイルシステム」と、CD／DVDプレーヤーで使用するメディアを作成するための「マスター」の2種類があります。右の手順では、ライブファイルシステムを用いた書き込み手順を説明しています。

ヒント
通知バナーが表示されない

通知バナーは、未使用の光学ディスクをはじめてパソコンにセットしたときに表示されます。手順3で操作を選択すると、次回以降は表示されなくなり、手順4の「ディスクの書き込み」ダイアログボックスが表示されます。また、通知バナーが表示されずにアプリが起動したときは、そのアプリを終了し、続いて、エクスプローラーを起動して、ナビゲーションウィンドウの光学ドライブのアイコンをダブルクリックします。

1 空の光学ディスクをドライブにセットします。

2 通知バナーが表示されるのでクリックします。

3 ［ファイルをディスクに書き込む］をクリックします。

補足

異なるメニューが表示される

市販のライティングソフトなどがインストールされている場合、88ページの手順❸とは異なる画面が表示される場合があります。

重要用語

ライブファイルシステム

ライブファイルシステムは、CD-RやDVD-Rなどの光学ディスクをUSBメモリーと同様の使用感で利用できる書き込み方法です。ファイルやフォルダー単位で書き込みを行えるほか、削除や移動、名前の変更なども行えます。右の手順❻［USBフラッシュドライブと同じように使用する］にチェックを入れると、ライブファイルシステムが選択されます。

補足

ダイアログボックスが表示されない

手順❹の「ディスクの書き込み」ダイアログボックスが表示されないときは、エクスプローラーを起動し、ナビゲーションウィンドウの光学ドライブのアイコンをダブルクリックしてください。

---

4 「ディスクの書き込み」ダイアログボックスが表示されます。

5 必要に応じてタイトルを入力し、

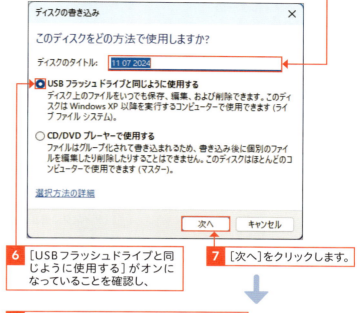

6 ［USBフラッシュドライブと同じように使用する］がオンになっていることを確認し、

7 ［次へ］をクリックします。

8 光学ディスクのフォーマットがはじまります。

9 フォーマットが完了すると、エクスプローラーが起動し、ウィンドウが開きます。

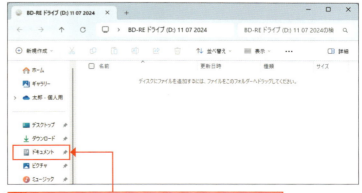

10 書き込みたいファイルがあるフォルダー（ここでは［ドキュメント］）をクリックします。

補足
ファイル／フォルダーの書き込み方法

ライブファイルシステムでは、USBメモリーと同じ操作でファイルやフォルダーを書き込めます。右の手順では、エクスプローラーのツールバーの［ディスクに書き込む］をクリックして書き込んでいますが、USBメモリー同様にドラッグ＆ドロップで書き込みを行うこともできます。

11 書き込みたいファイル／フォルダーをクリックして選択し、

12 …をクリックします。

13 ［ディスクに書き込む］をクリックします。

14 光学ディスクに書き込まれるファイル／フォルダーを表示する新しいウィンドウが開き、

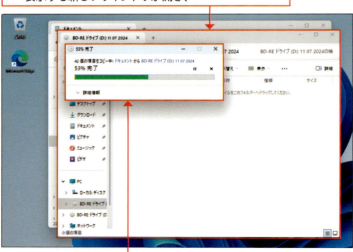

15 書き込みがはじまります。

補足
書き込みを中止するには

手順15の画面で をクリックすると、書き込みを中止できます。その際、CD-R、DVD-R／+R、BD-R などの追記型の光学メディアは、中止の時点ですでに書き込んでしまったファイルの削除はできないため、記憶容量が減少します。一方、CD-RW、DVD-RW／+RW、BD-RE などの書き換え型の光学メディアは、不要なファイルを削除できるため、書き込み前の容量に戻ります。

補足

取り出し処理

ライブファイルシステムでは、光学ディスク取り出し時に取り出し処理が行われます。取り出し処理とは、取り出した光学ディスクが古いパソコンでも読み出せるようにするための処理です。なお、手順16で[取り出す]が表示されていないときは、ウィンドウの幅を広げるか、…をクリックします。

ヒント

取り出し処理の時間

光学ディスクの取り出し処理にかかる時間は、書き込みを行った光学ディスクの種類や書き込んだ容量などによって異なります。一般的には数分程度で完了しますが、DVD-R DLとDVD+R DLをライブファイルシステムで使用すると、取り出し処理に30分近くかかる場合があります。また、DVD-R DLとDVD+R DLは、一度取り出し処理を行うと、以降の書き込みが行えなくなるという制限もあります。

注意

DVDビデオは作成できない

Windows 11では、市販の映画などと同等のDVD（DVDビデオ）を作成する機能を備えていません。ここで紹介した手順で作成できるDVDは、パソコン以外では再生できない場合があります。

---

16 書き込みが完了すると、新しいウィンドウで光学ディスクに書き込んだ内容を確認できます。

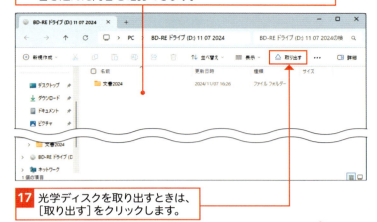

17 光学ディスクを取り出すときは、[取り出す]をクリックします。

18 取り出し処理を行っていることを知らせる通知バナーが表示されます。

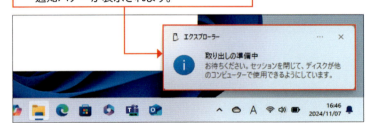

19 取り出し処理が完了すると、光学ディスクが自動的に排出され、

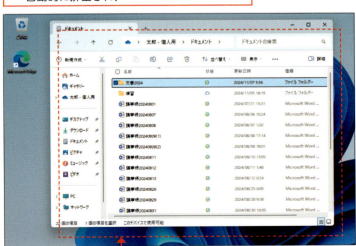

20 光学ディスク内のファイル／フォルダーを表示していたウィンドウが自動的に閉じます。

❷ マスターで書き込む

解説

マスターで書き込む

マスターは、データの長期保存に適した書き込み方式です。マスターで書き込んだデータは、ライブファイルシステムとは異なり、削除や移動、名前の変更といった操作を行えないため、操作ミスで大切なデータを失ってしまうことはありません。データの長期保存にはマスター、一時的な保存にはライブファイルシステムと使い分けるのがお勧めです。

応用技

データの追加書き込みについて

マスターでデータを書き込んだディスクは、空き領域がなくなるまで、右の手順でデータの追加書き込みができます。ただし、書き込み済みのファイルやフォルダーを削除したり、上書きすることはできません。また、ライブファイルシステムの場合と同じく、DVD-R DL／+R DLのメディアは追加の書き込みができません。

---

1 空の光学ディスクをドライブにセットすると、

2 「ディスクの書き込み」ダイアログボックスが表示されます。

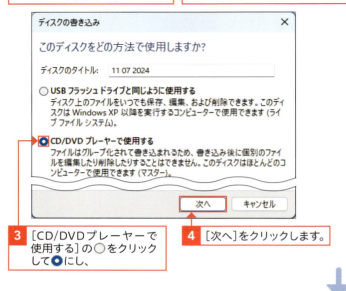

3 [CD/DVD プレーヤーで使用する]の○をクリックして●にし、

4 [次へ]をクリックします。

5 新しいエクスプローラーのウィンドウが開きます。

6 書き込みたいファイル／フォルダーが収められているフォルダー（ここでは[ドキュメント]）をクリックし、

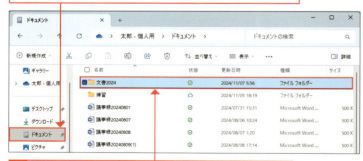

7 書き込みたいファイル／フォルダーをクリックします。

8 …をクリックし、

9 [ディスクに書き込む]をクリックすると書き込み準備が行われます。

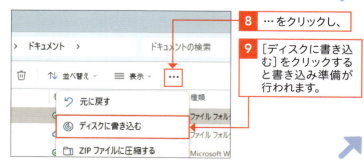

通知バナーが何度も表示される

手順11の通知バナーが何度も表示されるときは、書き込みが完了していないデータがあります。そのときは、手順12以降を参考にデータの書き込みを行ってください。また、データを書き込みたくないときは、光学ドライブのアイコンを右クリックし、表示されるメニューから[その他のオプションを表示]→[一時ファイルの削除]の順でクリックします。

同じディスクを再度作成する

マスターで書き込みを行ったときは、同じ内容の光学ディスクを複数作成できます。複数作成したいときは、手順16の画面で[はい、これらのファイルを別のディスクに書き込む]をオンにすると、[完了]が[次へ]と変わります。新しい光学ディスクをセットして、[次へ]をクリックすると、同じ内容の光学ディスクを作成できます。

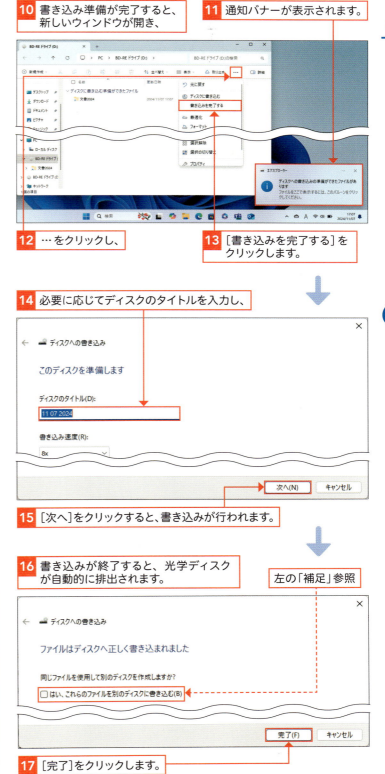

10 書き込み準備が完了すると、新しいウィンドウが開き、

11 通知バナーが表示されます。

12 …をクリックし、

13 [書き込みを完了する]をクリックします。

14 必要に応じてディスクのタイトルを入力し、

15 [次へ]をクリックすると、書き込みが行われます。

16 書き込みが終了すると、光学ディスクが自動的に排出されます。

左の「補足」参照

17 [完了]をクリックします。

応用技 ファイルを検索する

目的のファイルが見つからないときは、検索を行います。Windows 11 では、タスクバーの検索ボックスからファイルの検索を行えるほか、エクスプローラーの検索ボックスでファイルを検索できます。

タスクバーから検索する

1 タスクバーの検索ボックスをクリックします。

2 検索ボックスにキーワード（ここでは[ワイン]）を入力すると、

3 検索結果が表示されます。

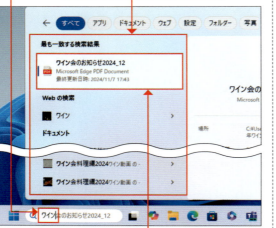

4 目的の結果（ここでは[ワイン会のお知らせ2024_12]）をクリックすると、

5 ファイルが開いて内容が表示されます。

エクスプローラーで検索する

1 エクスプローラーを起動します。

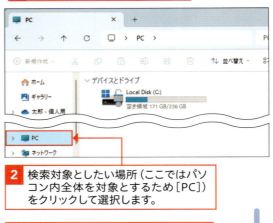

2 検索対象としたい場所（ここではパソコン内全体を対象とするため[PC]）をクリックして選択します。

3 検索ボックスにキーワード（ここでは[ワイン]）を入力すると、

4 検索結果が表示されます。

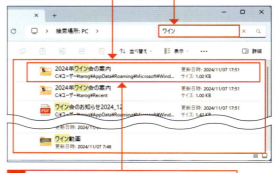

5 目的の結果（ここでは[ワイン会のお知らせ2024_12]）をダブルクリックすると、

6 ファイルが開いて内容が表示されます。

第 **4** 章

インターネットを 利用しよう

Section 23	インターネットを使えるようにしよう
Section 24	インターネット接続を共有しよう
Section 25	Webブラウザーを起動しよう
Section 26	Webページを閲覧しよう
Section 27	Webページを検索しよう
Section 28	お気に入りを登録しよう
Section 29	履歴を表示しよう
Section 30	ファイルをダウンロードしよう
Section 31	PDFを閲覧／編集しよう

Section 23 インターネットを使えるようにしよう

ここで学ぶこと
- インターネット
- 有線LAN／Wi-Fi
- Windowsセキュリティ

インターネットを利用するには、自宅や会社などに用意されたインターネット接続環境にパソコンを接続します。接続方法には、**有線LAN**を利用する方法と**Wi-Fi**を利用する方法があります。

1 有線LANで接続する

解説

パソコンを有線LANで接続する

有線LANで使用するときは、LANケーブルでパソコンのLAN端子とルーター（またはハブ）を接続します。接続が完了し、インターネットが利用できる状態の場合は、タスクバー右下の アイコンの形状が に変わります。

ヒント

インターネット接続環境について

自宅でインターネットを利用するには、通信（回線）事業者やインターネットサービスプロバイダー（以下、ISP）と契約を結ぶ必要があります。ここでは、すでにインターネット利用環境が整っていることを前提にパソコンの接続方法を説明しています。

1 パソコンのLAN端子とルーターをLANケーブルで接続します。

2 タスクバー右端の アイコンの形状が に変わります。

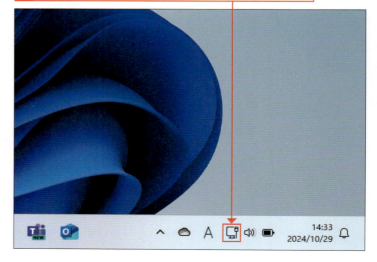

② Wi-Fi（無線LAN）で接続する

💬 解説

パソコンをWi-Fiで接続する

Wi-Fi（無線LAN）で使用するときは、右の手順を参考にタスクバー右端の 🌐 をクリックして、接続先を選択します。なお、Wi-Fiの利用には、接続先のアクセスポイントの識別名とパスワード（ネットワークセキュリティキーと呼ばれる場合もある）が必要になります。これらの情報をWi-Fiルーターの取り扱い説明書や本体のシールなどで事前に確認してから作業を行ってください。

✏️ 補足

Wi-Fiと無線LAN

Wi-Fiは、厳密に定義すると無線LANの方式の1つですが、今日の実使用においてはWi-Fiと無線LANは事実上、同種のものとして扱われています。このため、同じものと考えてもらって差し支えありません。本書では、Wi-Fiの表記で統一しています。

💡 ヒント

接続先とは

手順3の「接続先」は、SSIDやBSSIDと呼ばれる、Wi-Fiの識別名です。通常、この識別名は、Wi-Fiルーター本体にシールで貼り付けられています。不明な場合は確認してみましょう。

---

1 タスクバー右端にある 🌐 をクリックします。

2 》をクリックします。

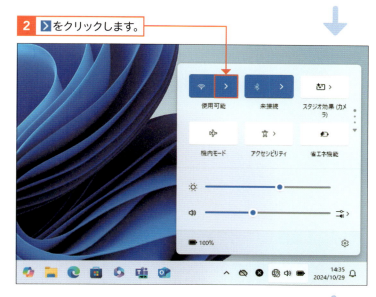

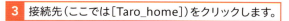

3 接続先（ここでは[Taro_home]）をクリックします。

重要用語

パスワード

手順5の画面で入力する「パスワード」は、Wi-Fiの接続に利用されるパスワードです。Wi-Fiルーターの取り扱い説明書や本体のシールなどに記載されており、ネットワークセキュリティキーと呼ばれる場合もあります。Windows 11では、初回接続時にのみ入力を求められます。

応用技

ルーターのボタンで設定する

手順5の画面でパスワードの入力ボックスの下に[ルーターのボタンを...]が表示されているときは、Wi-Fiルーターに備わっているセットアップボタンを押すことでもパスワードを設定できます。詳細は、Wi-Fiルーターの取り扱い説明書を参照してください。

バッファロー「WXR9300BE6P」

---

4 [接続]をクリックします。

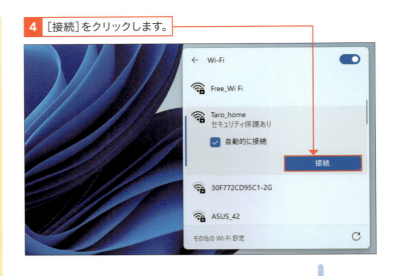

5 パスワードを入力し、

6 [次へ]をクリックします。

左の「応用技」参照

7 選択した接続先に「接続済み」と表示されます。

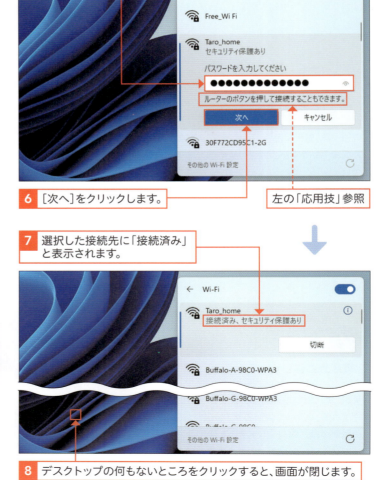

8 デスクトップの何もないところをクリックすると、画面が閉じます。

③ セキュリティの状態を確認する

💬 解説

セキュリティ状態の確認

Windows 11では、右の手順で「Windows セキュリティ」を表示することでセキュリティの状況が確認できます。異常がなく正常な項目には ✅ のアイコンが付き、異常が検出された項目には ⚠️ や ❌ のアイコンが付けられます。⚠️ は ❌ よりも優先度が低い警告で、❌ は直ちに対応すべき優先度の高い警告です。

✏️ 補足

他社製アプリを利用している場合

他社製のセキュリティ対策アプリを利用している場合も、Windows セキュリティを表示すると、利用中のアプリ名の確認やそのアプリの管理画面を表示できます。

1 タスクバー右端の ∧ をクリックします。

2 🛡️ をクリックすると、

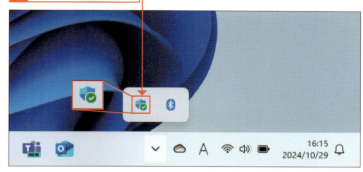

3 Windows セキュリティが表示されます。

4 ［ウイルスと脅威の防止］［ファイアウォールとネットワーク保護］［アプリとブラウザー コントロール］［デバイス セキュリティ］の4項目に ✅ が付いていれば安全です。

Section 24 インターネット接続を共有しよう

ここで学ぶこと
- インターネット接続の共有
- モバイルホットスポット
- Wi-Fi

Windows 11には**モバイルホットスポット**と呼ばれるインターネット接続共有機能が備わっています。この機能を利用すると、利用中のインターネット接続をほかのパソコンやタブレットなどと**共有**できます。

1 モバイルホットスポットをオンにする

解説

モバイルホットスポットとは

モバイルホットスポットは、Windows 11のパソコンが接続中のインターネットを、ほかの機器（パソコンやスマートフォン、タブレットなど）と共有する機能です。AndroidスマートフォンやiPhoneなどに搭載されている「テザリング機能」と同じ機能です。この機能はWi-Fiを備えたパソコンでのみ利用でき、Wi-FiまたはBluetoothを利用して最大8台の機器とインターネット接続を共有できます。モバイルホットスポットのオン／オフの切り替えは右の手順で行えるほか、「設定」から行うこともできます（26ページ参照）。

補足

モバイルホットスポットをオフにする

右の手順4で青背景になった［モバイルホットスポット］アイコンを再度、クリックするとモバイルホットスポットをオフにできます。

1 タスクバー右端にある 📶 🔊 🔋 をクリックし、

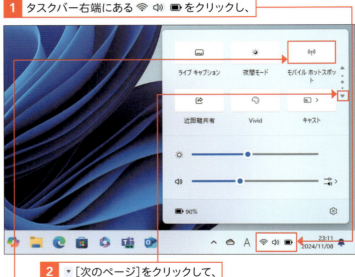

2 ▼［次のページ］をクリックして、

3 ［モバイルホットスポット］をクリックします。

4 アイコンが青背景に変わり、［モバイルホットスポット］がオンになります。

② モバイルホットスポットへの接続設定を確認する

💡ヒント

モバイルホットスポットへの接続設定

モバイルホットスポットへの接続に必要となる接続先の名称(名前)やパスワードなどの情報は、右の手順で確認できます。また、右の手順で表示された「QRコード」をパソコンやタブレット、スマートフォン搭載のカメラで読み取ることでもモバイルホットスポットに接続できます。「設定」を開き、[ネットワークとインターネット]→[モバイルホットスポット]とクリックすることでも手順4の画面を表示できます。

✨応用技

接続設定を変更する

右の手順5の画面で[編集]をクリックすると、以下の画面が表示され、接続先の名称(名前、ネットワーク名)やパスワード(ネットワークパスワード)、ネットワーク帯域、セキュリティの種類などの設定を変更できます。

1 タスクバー右端にある 📶 を右クリックし、

2 [ネットワーク設定とインターネット設定]をクリックします。

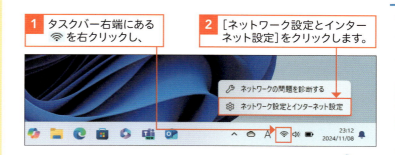

3 [モバイルホットスポット]をクリックします。

4 画面をスクロールして[プロパティ]を表示すると、

5 モバイルホットスポットの接続に必要な「名前」や「パスワード」と「QRコード」が表示されます。

左の「応用技」参照

101

Section 25 Webブラウザーを起動しよう

ここで学ぶこと
・Webブラウザー
・Microsoft Edge
・起動／終了

Webページの閲覧には、**Webブラウザー**と呼ばれる閲覧アプリを利用します。Windows 11には**Microsoft Edge**というWebブラウザーが標準搭載されています。Microsoft Edgeは、タスクバーに起動用のボタンが配置されています。

① Microsoft Edgeを起動する

解説

Microsoft Edgeの起動

「Microsoft Edge」は、Windows 11に搭載されているWebブラウザーです。本書では、Microsoft Edgeの使用を前提に解説しています。Microsoft Edgeは、右の手順で起動できます。

1 タスクバーの をクリックします。

2 「Microsoft Edge」が起動します。

補足

Microsoft Edgeについて

新しいMicrosoft Edgeでは、通常、起動後に「新しいタブ」と呼ばれるページを表示します。新しいタブは、画面中央に検索ボックスが、その下にクイックリンクが表示されます。また、クイックリンクの下にはニュースが表示されます。

3 をクリックすると、

補足

はじめて起動したとき

Microsoft Edge をはじめて起動したときは、「Microsoft Edge へようこそ」と表示され、初期設定画面が開きます。この画面が表示されたときは、画面の指示に従って操作してください。

4 「Microsoft Edge」が終了します。

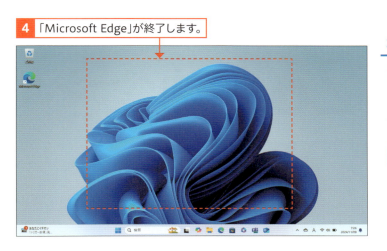

解説　Microsoft Edge の画面構成

Microsoft Edge は、Microsoft が開発し無償提供している最新技術を採用した Web ブラウザーです。Microsoft Edge は以下のような画面構成ですが、現在進行系で進化を続けており、今後も機能追加が予定されています。このため、画面構成は変更になる可能性があります。

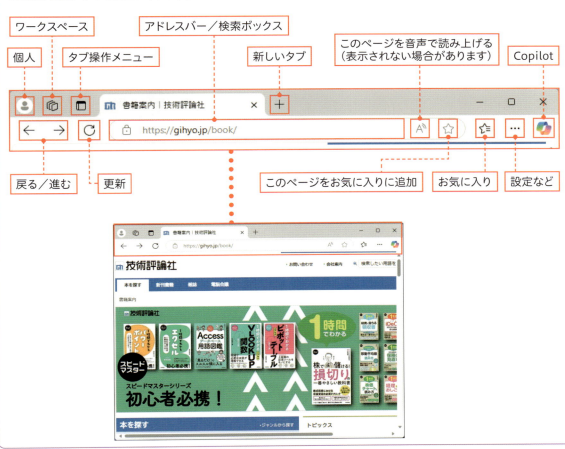

Section 26 Webページを閲覧しよう

ここで学ぶこと
- Microsoft Edge
- Webページ閲覧
- リンク

Microsoft Edgeを利用してWebページを**閲覧**してみましょう。Microsoft EdgeでWebページを閲覧するには、**アドレスバー**に閲覧したいWebページのURLを入力して目的のWebページを表示します。

1 目的のWebページを閲覧する

解説　Webページの閲覧

Microsoft EdgeでWebページを閲覧するには、右の手順に従って、アドレスバーに閲覧したいWebページのURLを入力し、Enterを押します。URLとは、インターネットで目的のWebページを閲覧するための住所に相当する情報です。URLは、「アドレス」と呼ばれることもあります。

ヒント　予測入力について

Microsoft Edgeは、URLの一部を入力しただけでURLの候補を表示する予測入力機能が備わっています。表示された候補をクリックすると、目的のWebページを開くことができます。

1 ［検索またはWebアドレスを入力］をクリックすると、

2 URLが入力できるようになります。

3 表示したいWebページのURL（ここでは、［https://gihyo.jp/book］）を入力し、

4 Enterを押します。

5 Webページが表示されます。

2 興味のあるリンクをたどる

🗨 解説

リンクをたどる

Webページでは、「リンク」または「ハイパーリンク」と呼ばれる画像や文書（文字列）をクリックすると別ページが表示されるしくみを備えています。また、多くのWebページではリンクの文字列の色を青色系の文字とすることで、リンクであることをわかりやすくしています。また、ボタンやバナーがリンクとなっていることもあります。

✏ 補足

リンクを新しいウィンドウで開く

開きたいリンクを右クリックし、[リンクを新しいウィンドウで開く]をクリックすると、そのリンクを新しいウィンドウで開けます。

1 興味があるリンク（ここでは、[新刊書籍]）をクリックします。

2 クリックしたリンクのWebページが表示されました。

3 ←をクリックすると、直前に表示していたWebページに戻ります。

③ 新しいタブでWebページを開く

💬 解説

タブでWebページを開く

タブは、複数のWebページを1つのウィンドウ内で開き、切り替えて表示するために利用されます。タブを利用したWebページの閲覧は、右の手順で行います。

✨ 応用技

垂直タブバーを利用する

画面左側にタブを縦に並べて操作する垂直タブバーを利用したいときは、🔲 をクリックし、表示されたメニューから［垂直タブバーをオンにする］をクリックします。また、もとの横並びのタブバーに戻したいときは、🔲 をクリックして、［垂直タブバーをオフにする］をクリックします。

💡 ヒント

ショートカットキーを利用する

新しいタブはショートカットキーで開くこともできます。新しいタブをキーボード操作で開きたいときは、[Ctrl]を押しながら、[T]を押します。

---

1 ➕（新しいタブ）をクリックすると、

左の「応用技」参照

2 新しいタブが表示され、URLが入力できるようになります。

3 開きたいWebページのURL（ここでは、「https://www.microsoft.com/ja-jp」を入力し、

4 [Enter]を押します。

5 新しいWebページが表示されます。

④ タブを切り替える

解説

タブの切り替え

タブの切り替えは、横または縦に並んでいるタブをクリックすることで切り替えられます。

応用技

タブをピン留めする

閲覧中のタブは、ピン留めすることもできます。ピン留めしたタブは、左詰めで固定され、起動時に毎回読み出しが行われます。タブのピン留めは、ピン留めしたいタブを右クリックし、[タブのピン留め]をクリックします。

補足

別のウィンドウにタブを移動させる

タブを別のウィンドウのタブの上にドラッグ＆ドロップすると、タブをそのウィンドウに移動させることができます。

---

1 表示したいタブをクリックします。

2 タブが切り替わりWebページが表示されます。

3 タブをウィンドウの外にドラッグ＆ドロップすると、

4 そのタブが新しいウィンドウで表示されます。

Section 27 Webページを検索しよう

ここで学ぶこと
- Microsoft Edge
- 検索
- アドレスバー

インターネットから必要な情報を探し当てるには、検索サイトで検索を行うと効率的です。Microsoft Edgeでは、**アドレスバーが検索ボックスを兼ね**ています。このため、わざわざ検索サイトを表示する必要はありません。

① インターネット検索を行う

解説

インターネット検索

Microsoft Edgeでは、アドレスバーに検索キーワードを入力することでインターネット検索を行えます。Microsoft Edgeで利用される検索サイトは、通常、マイクロソフトが提供している検索サイト「Bing（ビング）」が利用されます。

ヒント

キーワード入力のポイント

多くの検索サイトでは、複数の検索キーワードをスペースで区切るか、特殊な記号を併用することで、検索結果を絞り込めます。通常、検索キーワードの間をスペースもしくは半角スペースで区切ると、入力したキーワードすべてを含む「AND検索」が行われます。また、キーワードを"（ダブルクォーテーション）で囲むと完全一致検索が行われます。

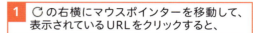

1 ⟳ の右横にマウスポインターを移動して、表示されているURLをクリックすると、

2 検索キーワードが入力できるようになるので、

3 検索したいキーワード（ここでは、[フォアグラとは]）を入力して、

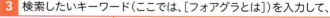

4 Enter を押します。

応用技 ページ内検索を行う

閲覧中のWebページ内の文字列を検索したいときは、「ページ内の検索」を行います。 ・・・ →[ページ内の検索]とクリックするか[Ctrl]を押しながら[F]を押すと、アドレスバーの下にページ検索用の検索ボックスが表示され、Webページ内の検索が行えます。

5 検索結果が表示されます。

6 表示したい項目のリンク(ここでは、[フォアグラ -Wikipedia])をクリックすると、

7 目的のWebページが表示されます。

 タスクバーの検索ボックスから検索する

Webページの検索は、タスクバーの検索ボックスに検索キーワードを入力することでも検索できます。また、Copilotを利用すると、AIとの会話形式でさまざまな事柄について調べることができます。Copilotの利用法については、8章を参照してください。

Section 28 お気に入りを登録しよう

ここで学ぶこと
- お気に入り
- 閲覧
- URL

お気に入りは、リストから選択するだけで目的のWebページを閲覧できる機能です。**毎日チェックするWebページを登録**しておくと、複雑なURLを入力しなくてもかんたんな操作で目的のWebページを表示できます。

1 Webページをお気に入りに登録する

解説
お気に入りに登録する

Microsoft Edgeでは、☆をクリックすると、閲覧中のWebページをお気に入りに登録できます。また、登録されたWebページは☆が★に変わり、お気に入りに登録されていないWebページと区別されます。

補足
お気に入りバーについて

お気に入りバーは、お気に入りのWebページへのアクセスアイコンをアドレスバー／検索ボックスの下に表示する機能です。通常は新しいタブを開くとこのアイコンが表示されますが、☆→・・・→[お気に入りバーの表示]→[常に]の順にクリックすることで常時表示にできます。また、右の手順 3 ではお気に入りバーにWebページを追加していますが、フォルダーの ∨ をクリックすると追加先を選択できます。

1 登録したいWebページを表示します。

2 ☆をクリックします。

3 登録する名前を入力して、

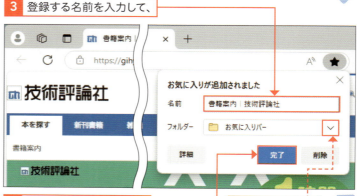

4 [完了]をクリックします。 左の「補足」参照

5 Webページがお気に入りに登録されると、☆ が ★ に変わります。

② お気に入りからWebページを閲覧する

ヒント

お気に入りを削除する

登録済みのお気に入りを削除したいときは、手順4の画面で削除したいお気に入りを右クリックし、[削除]をクリックします。

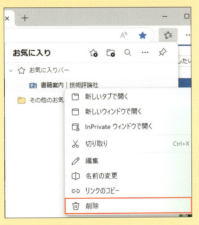

1 ☆ をクリックすると、

2 お気に入りがリストに表示されます。

3 閲覧したいWebページが登録されているフォルダー（ここでは[お気に入りバー]）をクリックし、

4 閲覧したいWebページをクリックすると、

5 手順4でクリックしたWebページが表示されます。

28 お気に入りを登録しよう

4 インターネットを利用しよう

111

Section 29 履歴を表示しよう

ここで学ぶこと
- 履歴
- Webページ
- 履歴の検索

Microsoft Edgeは、過去に閲覧したWebページの情報を記録しておく**履歴**機能を備えています。**直近に閲覧したWebページ**をかんたんな操作で表示できるほか、**履歴の検索**も行えます。

1 履歴から目的のWebページを表示する

解説
Webページの閲覧履歴を表示する

Webページの閲覧履歴を参照したいときは、右の手順で操作します。閲覧履歴は、メニューで一覧表示され、履歴をクリックすると、そのWebページが表示されます。

ヒント
履歴を検索する

閲覧履歴を検索したいときは、手順3の画面で 🔍 をクリックします。検索ボックスが表示されるので、検索ボックスにキーワードを入力すると、検索結果が表示されます。

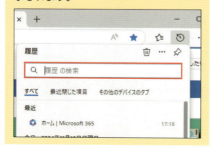

1 … をクリックし、

2 [履歴]をクリックします。

3 閲覧履歴が表示されます。

4 閲覧したい履歴（ここでは[Google]）をクリックすると、

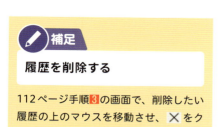

補足

履歴を削除する

112ページ手順3の画面で、削除したい履歴の上のマウスを移動させ、✕ をクリックするとその履歴を削除できます。

5 選択したWebページが表示されます。

29 履歴を表示しよう

4 インターネットを利用しよう

応用技　「履歴」ページを利用する

履歴の詳細な管理を行いたいときは、「履歴」ページを表示します。「履歴」ページでは、履歴の検索、選択した履歴の削除などが行えます。「履歴」ページは以下の手順で表示できます。

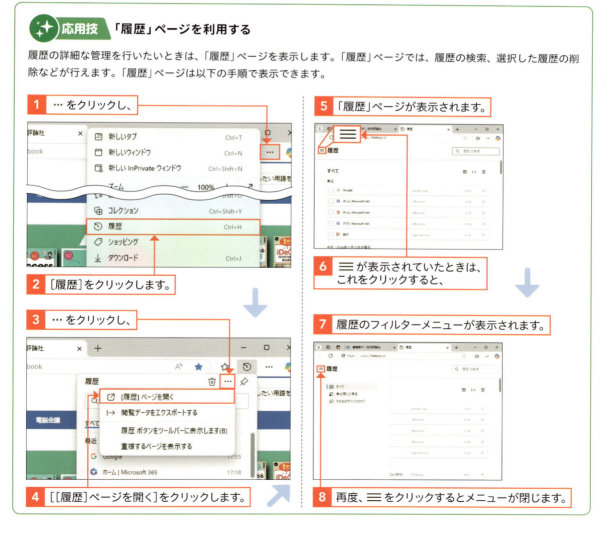

1 … をクリックし、
2 [履歴]をクリックします。
3 … をクリックし、
4 [[履歴]ページを開く]をクリックします。
5 「履歴」ページが表示されます。
6 ≡ が表示されていたときは、これをクリックすると、
7 履歴のフィルターメニューが表示されます。
8 再度、≡ をクリックするとメニューが閉じます。

113

Section 30 ファイルをダウンロードしよう

ここで学ぶこと
- ダウンロード
- 開く
- 実行

Webページでは、さまざまな情報が発信されているだけでなく、文書ファイルやアプリなどが配布されている場合があります。これらの配布文書やアプリを、パソコンに保存することを**ダウンロード**と呼びます。

1 ファイルをダウンロードする

解説
ファイルのダウンロード

Webページからファイルをダウンロードするときは、通常、[○○のダウンロード]や[今すぐダウンロード]、[DOWNLOAD]などとWebページに記載されているファイルのダウンロード用のリンクをクリックします。右の手順では、Acrobat Readerのインストーラーをダウンロードする手順を例に、ダウンロードの方法を説明しています。

補足
写真や文書ファイルのダウンロード

写真やPDFファイルなどの一部のファイルは、その内容がMicrosoft Edgeで直接表示され、ダウンロード中の進捗状況などは表示されません。

1 Microsoft Edgeを起動し、ダウンロードしたいファイルがあるWebページ（ここでは、[https://get.adobe.com/jp/reader/]）を開きます。

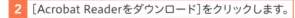

2 [Acrobat Readerをダウンロード]をクリックします。

補足

ダウンロードしたファイルを開く／実行する

手順3の画面で［ファイルを開く］をクリックすると、ダウンロードしたファイルが圧縮ファイルだった場合は、エクスプローラーが起動し、ファイルの内容を表示します。また、ダウンロードしたファイルがアプリのインストーラーなどの実行ファイルだった場合は、すぐに実行されます。

3 ダウンロードが完了したら、 左の「補足」参照 下の「ヒント」参照

4 🗂 をクリックします。

5 エクスプローラーが起動し、

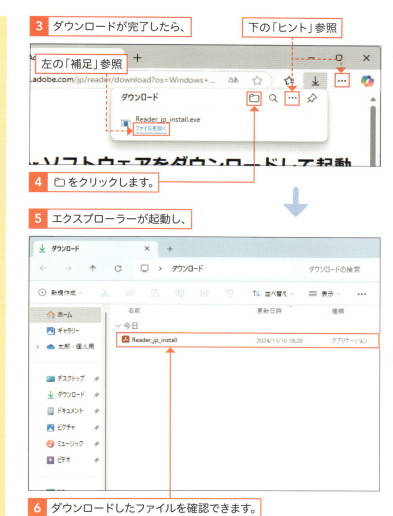

6 ダウンロードしたファイルを確認できます。

ヒント ダウンロード履歴を表示する

Microsoft Edgeの［ダウンロード］ページを開くと、詳細なダウンロードの履歴を表示できます。［ダウンロード］ページは、手順4の画面でA •••をクリックし、［［ダウンロード］ページを開く］をクリックすることで行えます。また、手順4の画面が消えてしまったときは、B ••• をクリックし、［ダウンロード］をクリックすることで再表示できます。

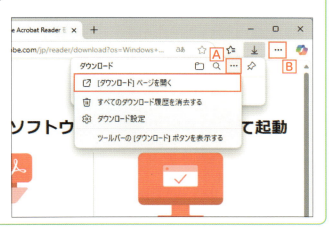

Section 31 | PDFを閲覧／編集しよう

ここで学ぶこと
・PDF
・ハイライト
・手書き

Microsoft Edgeは、**PDFファイルの閲覧機能**を備えています。また、かんたんな**編集機能**も備えており、選択した文字列をハイライトで表示したり、手書きで文字や図形を書き込んだりといったことが行えます。

① PDFを表示する

解説

PDFの編集

Microsoft Edgeが備えているPDFファイルの編集機能は、右の手順で利用できます。PDFファイルは、パソコンだけでなく、スマートフォンやタブレットなどでも同じように見ることができるファイルの形式です。PDFは、会社などで利用される資料や取り扱い説明書の配布など、文書の配布形式として広く普及しています。

1 エクスプローラーを起動し、閲覧したいPDFファイルが保存されたフォルダーを表示します。

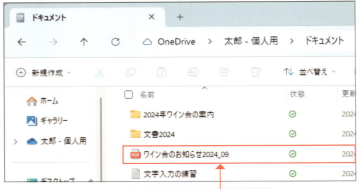

2 閲覧したいPDFファイルをダブルクリックします。

3 PDFファイルがMicrosoft Edgeで表示されます。

補足

違うアプリが起動した場合

手順3でMicrosoft Edgeではなく、別のアプリでPDFファイルが表示されたときは、パソコンにPDF閲覧用のアプリがインストールされています。Microsoft EdgeでPDFファイルを表示したいときは、PDFファイルを右クリックし、［プログラムから開く］→［Microsoft Edge］の順にクリックします。

❷ 選択した文字をハイライトで表示する

文字をハイライト表示する

ハイライトとは、選択した文字列を指定した背景色で強調表示する機能です。重要な用語などをハイライト表示することで、その用語を目立たせることができます。右の手順では、指定した文字列を緑色の背景色でハイライトする手順を例に解説しています。なお、この機能は、スキャンデータなどの画像から作成されたPDFでは利用できません。

編集できないPDFもある

PDFは、作成者が編集可／不可などのアクセス制限（保護）を施せます。閲覧したPDFが保護されている場合、右の手順のような編集は行えません。なお、保護されたPDFを閲覧すると、以下の画面のように一部の機能にアクセスできないことを知らせるバーが表示されます。

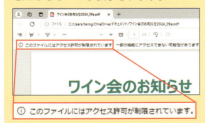

ハイライト表示の解除

ハイライト表示を解除したいときは、解除したい文字列を右クリックし、［ハイライト］→［なし］の順にクリックします。

1 ⌄ をクリックします。

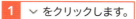

2 ハイライト表示に使いたい色（ここでは、●［緑］）をクリックします。

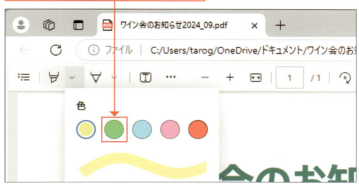

3 ハイライト表示したい文字列をドラッグして指定すると、

4 その範囲がハイライト表示されます。

❸ PDFに手書きする

PDFに手書きする

PDFに手書きしたいときは、右の手順で行います。タッチ対応のパソコンでは、画面を指でタッチしてなぞるか、専用のペンで文字や図形などを描けます。また、マウスを利用する場合は、左ボタンを押したままマウスを動かすことで文字や図形などを描けます。

インクのプロパティを閉じる

インクのプロパティは、Microsoft Edgeのツールバーの何も表示されていない場所をクリックすることでも閉じます。なお、表示中のPDF内をクリックすると、インクのプロパティが閉じると同時にその場所から手書きがスタートするので注意してください。

手書きを消去する

間違った文字や図形を描いてしまった場合など、手書きを消去したいときは、✐ [消去]をクリックし、消去したい部分をクリックします。✐ [消去]が表示されていないときは、ウィンドウの幅を広げるか、••• をクリックして、表示されるメニューから[消去]をクリックします。

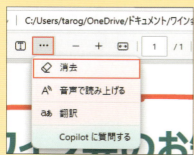

1 ∨ をクリックします。

2 インクのプロパティが表示されます。

3 手書きの色（ここでは、● [赤]）をクリックします。

 左中段の「ヒント」参照

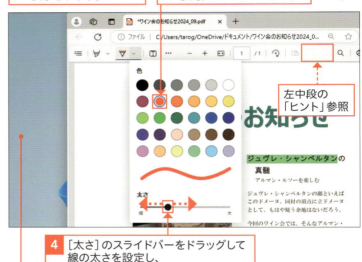

4 [太さ]のスライドバーをドラッグして線の太さを設定し、

5 Microsoft Edgeのウィンドウの外（デスクトップ上）をクリックして「インクのプロパティ」を閉じます。

6 PDFに手書きします。

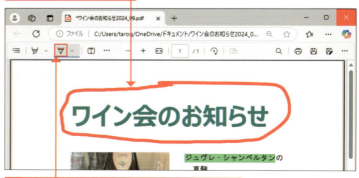

7 手書きを終えるときは ▽ をクリックします。

④ 編集済みのPDFを保存する

解説

編集済みPDFの保存

ハイライト表示を行ったり、手書きしたりしたときの編集結果を反映するには、PDFファイルを保存する必要があります。編集済みのPDFファイルの保存は、右の手順で行います。なお、右の手順では、別名で保存していますが、左の 🖫 をクリックすると上書き保存できます。また、保存を行わずにPDFファイルのタブを閉じたり、Microsoft Edgeを終了したりすると、以下のような変更が保存されていない可能性あることを知らせるダイアログボックスが表示されます。

1 🖫 をクリックします。

2 保存先(ここでは[ドキュメント]をクリックします。

3 ファイル名を入力し、

4 [保存]をクリックします。

5 修正したPDFファイルが保存され、そのファイルが読み込まれます。

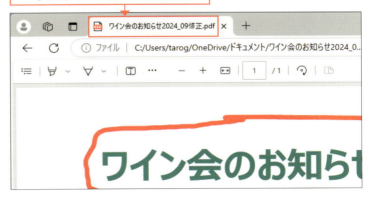

応用技 Microsoft Edge起動時に特定のWebページを表示する

Microsoft Edgeは、起動時にあらかじめ指定しておいたWebページを常に表示することができます。設定は以下の手順で行えます。また、複数のWebサイトを常に表示することもできます。

1 Microsoft Edgeを起動します。

2 … をクリックし、

3 [設定]をクリックします。

4 ☰ が表示されているときは、☰ をクリックし、

5 [[スタート]、[ホーム]、および[新規] タブ]をクリックします。

6 [新しいページを追加してください]をクリックします。

7 起動時に開きたいWebページのURLを入力し、

8 [追加]をクリックします。

9 起動時に開くWebページのURLが追加されます。

10 複数のWebページを開きたいときは再度、[新しいページを追加してください]をクリックしてWebページのURLを追加します。

11 すべてのWebページを追加したら、[これらのページを開く]の ○ をクリックして ● [オン]にし、

12 ✕ をクリックしてMicrosoft Edgeを終了します。

13 Microsoft Edgeを起動すると、登録したWebページが自動的に表示されます。

4 インターネットを利用しよう

第 5 章

メールを利用しよう

Section 32　**Outlook for Windows を起動しよう**

Section 33　メールアカウントを追加しよう

Section 34　メールを送信しよう

Section 35　メールを返信／転送しよう

Section 36　ファイルを添付して送信しよう

Section 37　迷惑メールを報告しよう

Section 38　メールを検索しよう

Section 39　予定表を利用しよう

Section 40　連絡先を利用しよう

Section 32 Outlook for Windowsを起動しよう

ここで学ぶこと
- Outlook for Windows
- 起動
- メールの閲覧

Outlook for Windowsは、**メールの閲覧**や**送受信**を行うアプリです。Windows 11にあらかじめインストールされています。Outlook.comで取得したメールアカウントやプロバイダーメールのアカウントの管理を行えます。

❶ Outlook for Windowsを起動する

解説

Outlook for Windowsとは

Outlook for Windowsは、長らく利用されてきた「メール」/「カレンダー」アプリに変わるアプリです。「メール」「予定表」「連絡先」などの機能が統合されています。なお、2024年11月現在、Outlook for Windowsは、旧バージョンの「メール」アプリと区別するために、「スタート」メニューでは[Outlook(new)]という名称で表示されています。

注意

すでにメールを利用している場合は

Windows 11のOutlook for Windows以外のアプリでメールを利用している場合やGmail／Yahoo!メールなどのWebメールをすでに利用している場合は、利用環境を無理に変更する必要はありません。メールの利用環境を変更したいときのみ、本書を参考に設定を行ってください。

1 ■をクリックし、

2 [Outlook(new)]をクリックします。

3 Outlook for Windowsが起動します。

② メールを閲覧する

補足
画面デザインが異なる

Outlook for Windowsは、ウィンドウの幅の広さによって画面デザインが一部異なります。本書の画面と異なるときは、ウィンドウの幅を広げたり、狭くしたりしてみてください。なお、メールの内容を表示する閲覧ウィンドウは、表示位置を変更できます。表示位置の変更は、［表示］→［レイアウト］→［閲覧ウィンドウ］の順にクリックすることで行えます。

補足
スレッドを展開する

Outlook for Windowsには、件名などを基準に関連すると思われるメールをまとめて表示するスレッド表示という機能を備えています。スレッドにまとめられているメールには が付けられており、これをクリックすることでスレッドを展開できます。

1 読みたいメールをクリックすると、

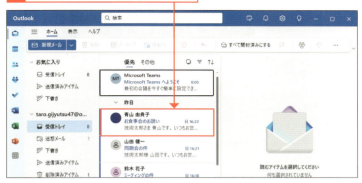

2 メールの内容が表示されます。

補足 ようこそ画面が表示される

Outlook for Windowsをはじめて起動したときは、「新しいOutlookへようこそ」という画面が表示される場合があります。この画面が表示されたときは、Outlook for Windowsで利用するメールアカウントの初期設定を行います。Microsoft アカウントで利用しているメールアドレスの設定を行うときは、お勧めのアカウントにそのメールアドレスが表示されていることを確認し、［続行］をクリックして画面の指示に従って初期設定を行います。ほかのメールアドレスを設定したいときは、そのメールアドレスを入力し、［続行］をクリックして画面の指示に従って初期設定を行います。

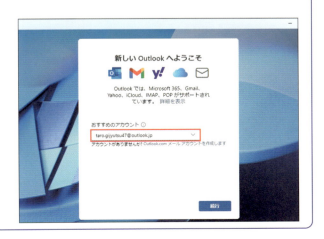

Section 33 メールアカウントを追加しよう

ここで学ぶこと
- メールアカウント
- プロバイダーメール
- アカウントの追加

Outlook for Windowsは、**複数のメールアカウントを登録**し、それぞれを別々に管理できます。たとえば、仕事用とプライベート用のメールアカウントを登録し、**使い分ける**ことができます。

1 メールアカウントを追加する

解説

複数のメールアカウントの管理

Outlook for Windowsは、複数のメールアカウントを管理できます。ここでは、@outlook.jpや@outlook.com などのOutlook.com のメールアカウントがすでに設定されている状態で、プロバイダーが提供しているメールアカウント（ここでは「@nifty」）を追加する方法を説明しています。

補足

追加できるメールアカウント

Outlook for Windows は、Microsoft 365やGmail、Yahoo、iCloudなどのメールサービスに対応しているほか、IMAPやPOPのプロトコルで利用できるメールサービスにもしています。なお、IMAPやPOPでメールアカウントを追加するときは、IMAPやPOP、SMTPサーバーのURLやポート番号などの情報の入力が必要になる場合があります。これらの接続情報を事前に用意してから設定を行ってください。

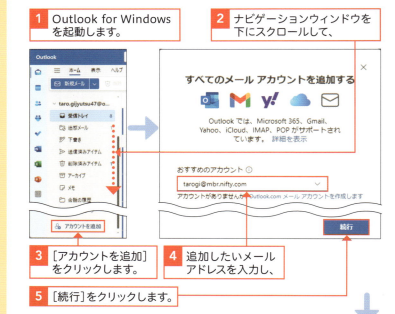

1. Outlook for Windowsを起動します。
2. ナビゲーションウィンドウを下にスクロールして、
3. [アカウントを追加]をクリックします。
4. 追加したいメールアドレスを入力し、
5. [続行]をクリックします。
6. 「メールプロバイダーの選択」画面が表示されたときは、メールプロバイダーまたはプロトコル（ここでは[IMAP]）をクリックします。

ヒント

パスワード入力画面が表示された

手順7とは異なる以下のような画面が表示されたときは、画面の指示に従って「パスワード」を入力し、［続行］をクリックします。また、この画面が表示されたときに［表示数を増やす］の●をクリックしてオンにすると、手順7と同じ画面が表示され、詳細な設定を行えます。

補足

接続に失敗したとき

メールアカウントの追加に失敗し、以下のような「サインインできませんでした」という画面が表示されたときは、ユーザーアカウント情報またはIMAPやPOP、SMTPサーバーの接続URLなどの情報が間違っている可能性があります。［続行］をクリックして画面の指示に従って再設定を行うか、「高度なセットアップ」をクリックして接続情報の確認と修正を行ってください。

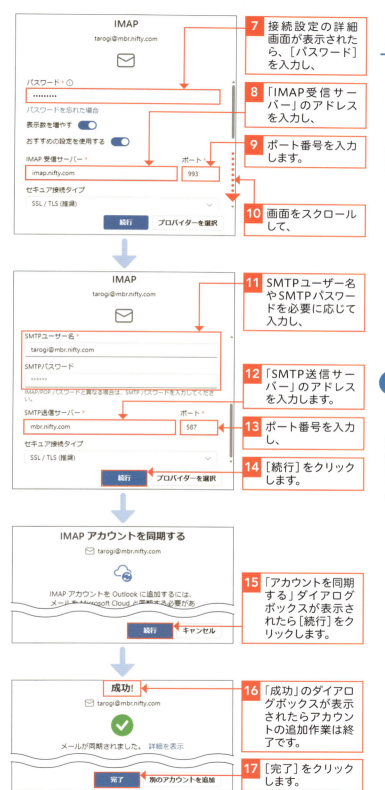

7 接続設定の詳細画面が表示されたら、［パスワード］を入力し、

8 「IMAP受信サーバー」のアドレスを入力し、

9 ポート番号を入力します。

10 画面をスクロールして、

11 SMTPユーザー名やSMTPパスワードを必要に応じて入力し、

12 「SMTP送信サーバー」のアドレスを入力します。

13 ポート番号を入力し、

14 ［続行］をクリックします。

15 「アカウントを同期する」ダイアログボックスが表示されたら［続行］をクリックします。

16 「成功」のダイアログボックスが表示されたらアカウントの追加作業は終了です。

17 ［完了］をクリックします。

Section 34 メールを送信しよう

ここで学ぶこと
- メールの新規作成
- 送信
- CC／BCC

友人や会社の同僚、取り引き先の担当者などに新しいメールを**送信**したいときは、**「メールの新規作成」**を行います。メールの新規作成を行ったら、宛先や件名、本文などを入力し、メールの送信を行います。

1 新規メールを送信する

解説　メールを新規作成する

Outlook for Windowsで新規メールを作成するときは、右の手順で行います。ここでは、Outlook for Windowsで、自分宛てのメールを新規に作成して送信を行うことで、メールアカウントが正しく設定されているかどうかの確認を行っています。

1 ［ホーム］をクリックします。

2 ［新規メール］をクリックします。

3 送信先のメールアドレス（ここでは、［自分のメールアドレス］）を入力し、

宛先の予測入力

Outlook for Windowsは、宛先メールアドレスの一部を入力すると、宛先候補を連絡先から検索して表示する機能を備えており、表示された候補をクリックすると宛先に入力できます。

4 ［件名を追加］をクリックします。　　左の「ヒント」参照　　127ページ上段の「補足」参照

CCとBCCの違い

126ページの手順3で、[CCとBCC]をクリックしてメールアドレスを入力すると、同じ内容のメールを複数の相手に送信できます。CCに入力したメールアドレスはすべて受信者に公開されますが、BCCに入力したメールアドレスは公開されません。「同じメールが誰に送信されたのか」について、受信者に知らせる場合はCC、知らせてはいけない場合はBCCを利用しましょう。

作成中のメールを破棄する

手順7の画面で [破棄]をクリックすると、作成中のメールを破棄できます。

メールの受信について

Outlook for Windowsではメールの受信は自動で行われ、メールを受信すると通知で知らせます。

署名の設定について

メールの末尾に記載されるメール送信者の名前や連絡先、勤務先などの情報を記した署名の作成と編集は、 をクリックし、[アカウント]→[署名]の順にクリックすることで行えます。

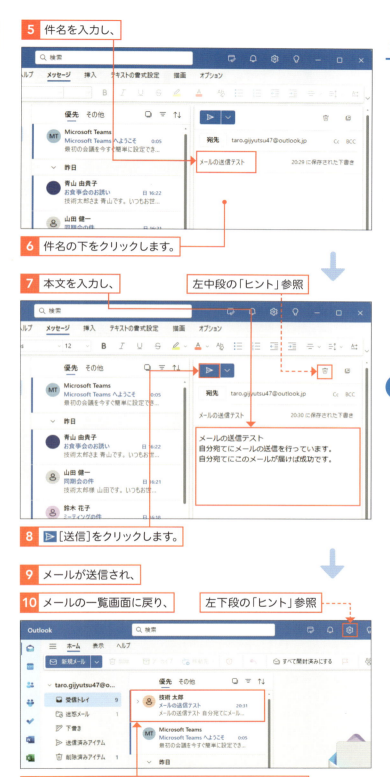

5 件名を入力し、
6 件名の下をクリックします。
7 本文を入力し、 左中段の「ヒント」参照
8 [送信]をクリックします。
9 メールが送信され、
10 メールの一覧画面に戻り、 左下段の「ヒント」参照
11 しばらくすると自分宛てに送信したメールが届きます。

Section 35 メールを返信／転送しよう

ここで学ぶこと
- メールの返信
- メールの転送
- RE：／FW：

受信したメールは、**返信**したり、別の相手に**転送**したりできます。返信メールの件名の先頭には返信を示す**「RE:」**の文字が追加され、転送メールの件名の先頭には、転送を示す**「FW:」**の文字が追加されます。

1 メールを返信する

解説
メールの返信

メールの内容を表示しておき、⬅[返信]または⬅[全員に返信]をクリックすると、そのメールに返信できます。メールの送信者のみに返信したいときは⬅[返信]、CCなどで送られた複数宛先のメールで、すべての宛先に返信したい場合は⬅[全員に返信]をクリックします。

補足
返信メールの作成画面

手順3の返信メールの作成画面では確認できませんが、返信メールの件名には、先頭に返信を示す「RE:」の文字が自動追加されています。･･･ をクリックすると、返信メールの詳細な作成画面が表示され、そこで確認・修正を行えます。また、手順5の ▷[送信]は「メール」アプリの設定によって上に表示される場合と右の手順5のように下に表示される場合があります。

1 返信したいメールを表示しておき、

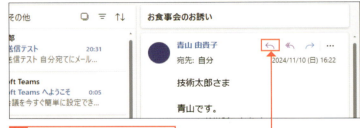

2 ⬅[返信]をクリックします。

3 宛先が入力された状態で返信メールの作成画面が表示されます。

4 返信メッセージを入力し、

5 ▷[送信]をクリックします。

❷ メールを転送する

💬 解説
メールの転送

受信したメールを別の相手に転送したいときは、転送したいメールを表示しておき ［転送］をクリックすると、宛先と件名が入力された状態で転送メールの作成画面が表示されます。その際、件名の先頭には転送を示す「FW:」の文字が追加されます。

1 転送したいメールを表示しておき、

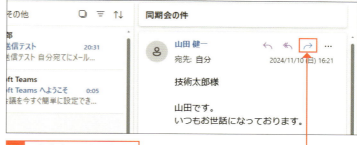

2 をクリックします。

3 件名が入力された状態で、転送メールの作成画面が表示されます。

4 転送相手のメールアドレスを入力し、

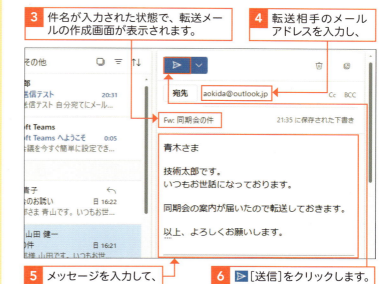

5 メッセージを入力して、

6 ▷［送信］をクリックします。

✏️ 補足　返信／転送メールのアイコン

返信や転送を行ったメールには、どのようなアクションを行ったかを示すアイコンが付けられ、区別できます。返信したメールには ↩、転送したメールには ↗ のアイコンが付けられます。

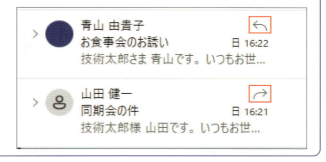

Section 36 ファイルを添付して送信しよう

ここで学ぶこと
- ファイルを添付
- インライン画像
- 表示／保存

メールは文字だけでなく、写真や動画などの**ファイルを添付**して送信することもできます。容量が大きいファイルを送信するのには向きませんが、仕事で使う資料などのちょっとしたファイルを受け渡しする場合に便利です。

① メールにファイルを添付して送信する

解説

ファイルを添付する

右の手順では、写真などの画像ファイルを添付したメールの送信方法を説明していますが、ほかの形式のファイルも同じ手順で送信できます。また、Outlook for Windowsで操作が制限されるファイルを添付すると、添付ファイルにのアイコンが表示されます。このようなファイルは、次ページ下のメモを参考に、OneDriveを利用してファイルのやり取りを行ってください。また、ファイルの添付は、ツールバーの[挿入]をクリックし、[添付ファイル]をクリックすることでも行えます。

補足

間違ったファイルを添付したときは

間違ったファイルを添付したいときは、添付ファイルの∨をクリックし、[削除]をクリックします。

1 126ページを参考に新規メールを作成しておきます。

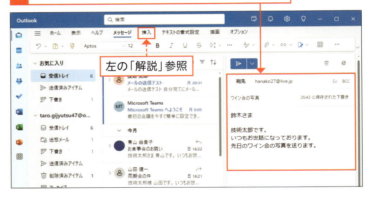

左の「解説」参照

2 添付したいファイルを作成したメールにドラッグすると、

3 ファイルの添付方法が表示されるので、

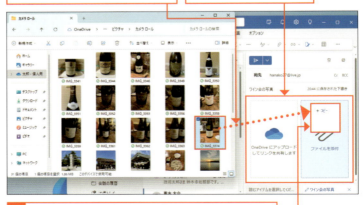

4 添付したい方法（ここでは「ファイルを添付」）の上でマウスの左クリックボタンから指を離します。

ヒント

添付ファイルを読み出す／保存する

メールに添付されたファイルが写真の場合はクリックするとその内容を閲覧でき、ダウンロードなどの操作が行えます。また、ZIPファイルなどの場合は、クリックするとファイルの保存を行えます。

5 ファイルが作成中のメールに添付されます。

6 ▶ [送信]をクリックしてメールを送信します。

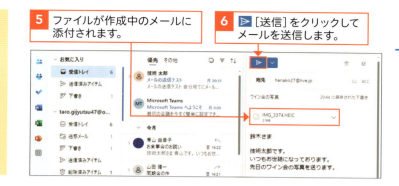

補足 OneDriveでリンクを共有する

メールは通常、1通あたりの最大容量が決められています。この容量を超えると、メールの送信に失敗したり、送信先がメールの受け取りを拒否したりします。また、Outlook for Windowsは、アプリのインストーラーや実行ファイル、特定のデータベースファイルなどが添付されていると、そのファイルの読み出しや実行、保存などの操作が行えません。このようなメールに添付しても操作が制限されるような形式のファイルやサイズが大きいファイルは、以下の手順を参考にOneDriveを利用したリンクの共有で、ファイルのやり取りを行うのがお勧めです。

リンクを共有したメールを送信する

1 126ページを参考に新規メールを作成しておきます。

2 添付したいファイルを作成したメールにドラッグすると、

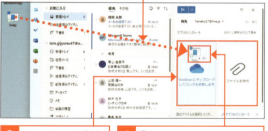

3 ファイルの添付方法が表示されるので、

4 「OneDriveにアップロードしてリンクを共有します」の上でマウスの左クリックボタンから指を離します。

5 作成中のメールにファイルの共有リンクが作成されます。

6 ▶ [送信]をクリックしてメールを送信します。

共有リンクのファイルを閲覧／保存する

1 メールに記載されたファイルのリンク (ここでは[Setup.exe])をクリックすると、

2 ファイルのダウンロード用のページが表示されます。

3 [ダウンロード]をクリックするとファイルをダウンロードできます。

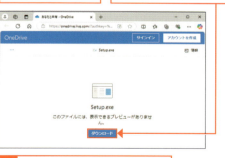

4 写真の場合はそのファイルの内容が表示されます。

Section 37 迷惑メールを報告しよう

ここで学ぶこと
・迷惑メール
・スパムメール
・フィッシングサイト

メールを利用していると、スパムメールやスパイウェアを潜ませたメールやフィッシングサイトに誘導するためのメールが送られてくる場合があります。このような怪しいメールは、**迷惑メール**として報告しましょう。

1 迷惑メールを報告する

解説
迷惑メールを報告する

「迷惑メール」とは、無断で送信されてくる宣伝や勧誘のメール、詐欺や情報漏えいを招く危険性が潜んでいる可能性が高いメールの総称です。迷惑メールが届いた場合は、右の手順で操作を行うと、同じメールアドレスから届いたメールが自動的に「迷惑メール」フォルダーに移動するようになります。

注意
迷惑メール登録時の制限

迷惑メールの登録機能を利用できるのは、アカウントの種類を「IMAP」に設定し、あらかじめ「迷惑メール」フォルダーに該当するフォルダーが作成されている場合に限ります。また、プロバイダーメールでは、「迷惑メール」フォルダーにメールが移動しただけで登録が行えなかったり、正常に移動しなかったりなど、この機能が正常に動作しない場合があります。

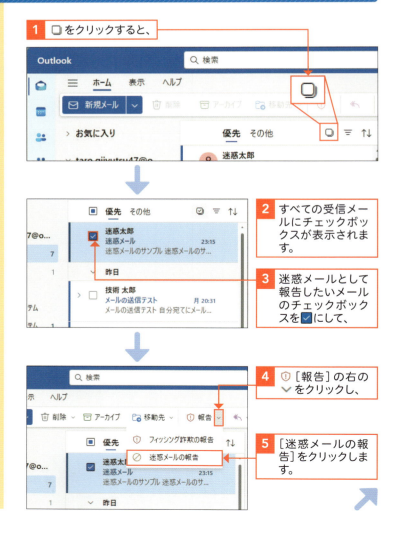

1 □ をクリックすると、

2 すべての受信メールにチェックボックスが表示されます。

3 迷惑メールとして報告したいメールのチェックボックスを ☑ にして、

4 [報告]の右の ⌄ をクリックし、

5 [迷惑メールの報告]をクリックします。

「迷惑メール」フォルダーが見つからない

利用環境によっては、一部のフォルダー名が英語表記になっている場合があります。英語表記になっている場合、通常、「Junk Email」フォルダーが「迷惑メール」フォルダーとなります。

迷惑メールから解除する

受信したメールを間違って迷惑メールに登録したときや大切なメールが「迷惑メール」フォルダーに自動的に振り分けられてしまうときは、そのメールを右クリックし、[レポート]→[迷惑メールではない]をクリックします。

選択したメールを削除する

メールを削除したいときは、132ページの手順1～3を参考に、削除したいメールを選択し、[削除]をクリックします。また、メールを1通ずつ削除したいときは、削除したいメールの上にマウスポインターを移動させると表示される🗑をクリックします。

6 「迷惑メールのレポート」ダイアログボックスが表示されたときは[レポートして禁止]をクリックします。

7 選択したメールが「迷惑メール」フォルダーに移動し、送信者がブロックされます。

8 [迷惑メール]をクリックすると、

9 選択したメールが「迷惑メール」フォルダーに移動していることを確認できます。

Section 38 メールを検索しよう

ここで学ぶこと
- メールの検索
- 検索キーワード
- 検索の解除

受信メールがたまってくると、目的のメールがかんたんには見つからなくなってしまいます。目的のメールが見つからない場合や過去のメールを確認したい場合は、メールの**検索**を行ってみましょう。

1 メールを検索する

解説　メールの検索

メールの検索を行うときは、検索ボックスに検索キーワードを入力し、🔍をクリックするか、Enterを押します。また、Outlook for Windowsでは、受信トレイを表示した状態で検索を行うと「すべてのフォルダー」を対象に検索を実行します。送信済みやごみ箱など、受信トレイ以外のフォルダーを開いた状態で検索を行うと、そのフォルダー内を対象に検索を実行します。

1 ［検索］をクリックします。

2 検索キーワード（ここでは、［打ち合わせ］）を入力し、

3 🔍をクリックするか、Enterを押します。

応用技　メールアドレスで検索する

右の手順では、例としてキーワードで検索を行っていますが、検索はメールアドレスでも行えます。メールアドレスで検索を行うときは、検索ボックスにメールアドレスをキーワードとして入力します。

検索を中止する／解除する

検索を中止したり／解除したいときは、検索ボックスの ← をクリックすると、検索開始前の画面に戻ります。

4 検索結果が表示されます。

5 目的のメールをクリックすると、

6 メールの内容が表示されます。

左の「補足」参照

条件を指定して検索を行う

検索ボックス内の ≡ をクリックすると、フィルターの設定画面が開きます。この画面を利用すると、差出人や宛先、件名、キーワード、検索期間など詳細な検索条件を指定したメール検索を行えます。

Section 39 予定表を利用しよう

ここで学ぶこと
- Outlook for Windows
- 予定表
- スケジュール管理

予定表を利用すると、アラームを鳴らしてイベントの開始時刻を通知したり、オンライン会議の予定を管理したりといったスケジュール管理を行えます。予定表は、**Outlook for Windows**から利用できます。

① 予定を入力する

解説

スケジュールを管理する

個人のさまざまなスケジュール管理をできる「予定表」は、メール管理を行う「Outlook for Windows」に統合されています。予定表は、右の手順でOutlook for Windowsから利用します。

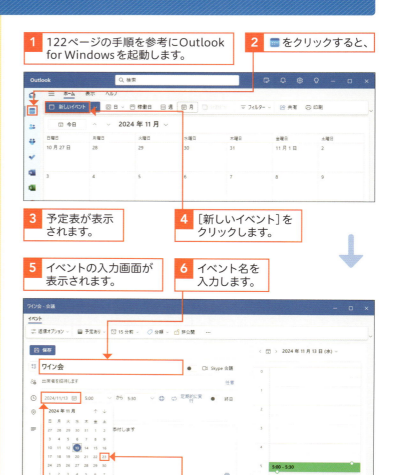

1 122ページの手順を参考にOutlook for Windowsを起動します。
2 をクリックすると、
3 予定表が表示されます。
4 [新しいイベント]をクリックします。
5 イベントの入力画面が表示されます。
6 イベント名を入力します。
7 日付をクリックし、
8 予定日(ここでは[23])をクリックします。

補足

イベントの通知を設定する

入力した予定には、通知を設定できます。通知は通常、イベント開始の15分前に設定されていますが、イベントの入力画面で[15分前]をクリックすることでメニューから通知を行うタイミングを変更できます。

簡易な入力画面を利用する

イベントを追加したい日をクリックして選択し、再度クリックすると、簡易なイベント入力画面が表示されます。また、イベントを追加したい日をダブルクリックすると、手順5のイベントの入力画面が表示されます。

9 予定日が入力されます。 **10** 開始時間と終了時間を入力し、

11 [場所を検索します]をクリックします。

12 場所を入力し、

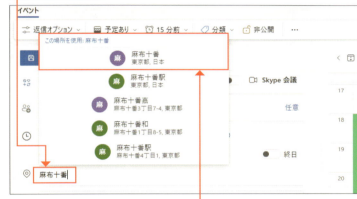

13 メニューが表示されたときは、[この場所を使用]またはメニュー内の目的の場所をクリックします。

14 必要に応じて説明を入力し、 **15** [保存]をクリックします。

Section 40 連絡先を利用しよう

ここで学ぶこと
- 連絡先
- メール送信
- Outlook for Windows

連絡先を利用すると、知り合いのメールアドレスや電話番号、住所などを**管理**できます。また、その人とのやり取りを確認したり、**メールを送信**したりすることもできます。連絡先は、Outlook for Windows から利用できます。

1 連絡先を表示する

解説 知り合いの連絡先情報を管理する

知り合いのメールアドレスや電話番号、住所、職場などの情報を一元管理できる連絡先は、Outlook for Windows の1つの機能として提供されています。連絡先は、Outlook for Windows を起動し、右の手順で利用できます。

1 122ページの手順を参考に Outlook for Windows を起動します。

2 をクリックします。

3 連絡先が表示されます。

ヒント Outlook for Windows とは

Outlook for Windows は、メールの送受信などの管理を行えるだけでなく、予定表や連絡先などの機能も統合したアプリです。連絡先は、Outlook for Windows から利用します。

② 連絡先を手動で追加する

「ふりがな」などを追加する

［＋名前フィールドを追加］をクリックすると、「肩書き」「称号」「ミドルネーム」「ニックネーム」「ふりがな」などの名前に関するそのほかの情報を追加できます。

電話番号を複数追加する

［＋電話を追加］をクリックすると、自宅や勤務先、2台目、3台目の携帯電話を追加できます。

そのほかの情報を入力する

右の手順では、名前や携帯電話の番号、メールアドレス、住所などの一部の情報のみを入力していますが、［＋作業フィールドを追加］をクリックすると勤め先の名称や住所、役職などの情報を追加できます。

1 ［新しい連絡先］または［＋連絡先を追加］をクリックします。

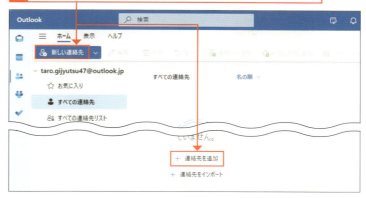

2 連絡先に追加したい人の姓名を入力し、

3 メールアドレスを入力します。

4 携帯電話の番号を入力し、

5 ［＋住所を追加］をクリックします。

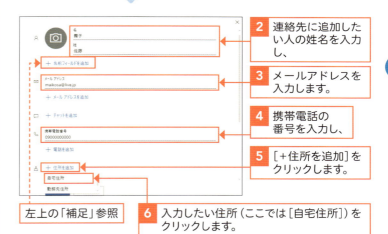

左上の「補足」参照

6 入力したい住所（ここでは［自宅住所］）をクリックします。

7 住所の入力欄が表示されます。

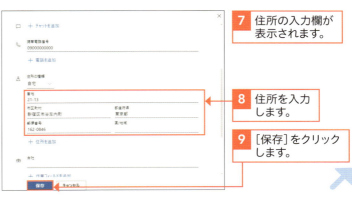

8 住所を入力します。

9 ［保存］をクリックします。

10 連絡先が追加されます。

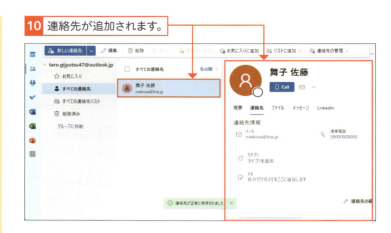

③ 受信メールから連絡先を追加する

補足

表示順を入れ替える

連絡先は、通常、人名が名→姓の順で表示されます。姓→名の順で表示したいときは、をクリックし、設定画面が表示されたら［連絡先］→［姓］→［保存］の順にクリックします。

ヒント

連絡先を削除する

連絡先を削除したいときは、削除したい連絡先をクリックして選択し、［削除］をクリックするか、削除したい連絡先を右クリックして、［削除］をクリックします。また、複数の連絡先を削除したいときは、削除したい連絡先の☐をクリックして☑にし、［削除］をクリックします。

1 連絡先に追加したいメールを表示しておきます。

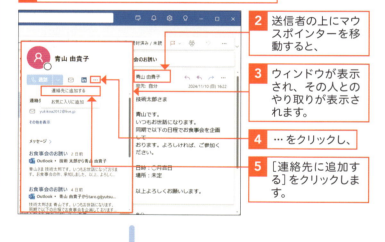

2 送信者の上にマウスポインターを移動すると、

3 ウィンドウが表示され、その人とのやり取りが表示されます。

4 … をクリックし、

5 ［連絡先に追加する］をクリックします。

6 連絡先の入力画面が表示されます。

7 139ページの手順2以降を参考に必要な情報を入力して［保存］をクリックします。

④ 連絡先から送信メールを作成する

ヒント

連絡先からメールの宛先を入力する

メールの宛先は、連絡先を利用することでも入力できます。宛先を連絡先から入力したいときは、メール作成画面の［宛先］をクリックすると、「受信者を追加」画面が表示され、メールを送信したい相手を連絡先から選択できます。

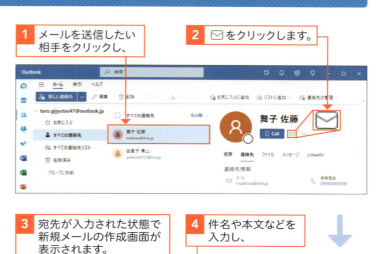

1. メールを送信したい相手をクリックし、
2. ✉ をクリックします。

3. 宛先が入力された状態で新規メールの作成画面が表示されます。
4. 件名や本文などを入力し、
5. ▷［送信］をクリックしてメールを送信します。

補足　連絡先の一覧表示が表示されない

Outlook for Windowsの連絡先は、ウィンドウサイズの幅が小さい場合、画面内に表示される情報が連絡先の一覧または選択した連絡先の詳細のいずれかになります。この状態で、連絡先の詳細の表示後に連絡先の一覧に戻りたいときは、☰ をクリックし、［すべての連絡先］をクリックします。また、ウィンドウサイズの幅を広げると、両方の情報を同時に表示できます。

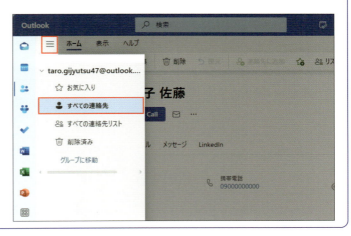

応用技　Outlook.comをWebブラウザーで利用する

マイクロソフトが無償提供しているWebメールサービス「Outlook.com」は、Webブラウザーで利用することもできます。Outlook.comをWebブラウザーで利用するときは、以下の手順でWebページを開き、Outlook.comにサインインします。なお、MicrosoftアカウントでWindows 11にサインインしているときは自動的にサインインが行われます。このため、手順3から手順8の画面は表示されません。また、外出先や他人のパソコンから利用するときは、パスワードの保存やサインイン状態の維持を行わないようにしてください。

1 Webブラウザー（ここでは、「Microsoft Edge」）を起動して、Outlook.comのURL（https://www.outlook.com）を開きます。

2 [サインイン]をクリックします。

3 サインイン画面が表示されたときは、Outlook.comのメールアドレスを入力し、

4 [次へ]をクリックします。

5 パスワードを入力し、

6 [サインイン]をクリックします。

7 パスワードの保存画面が表示されたら、[今は行わない]をクリックします。

8 サインインの状態の維持画面が表示されたら、[はい]または[いいえ]（ここでは[いいえ]）をクリックします。

9 受信メールの一覧が表示されます。

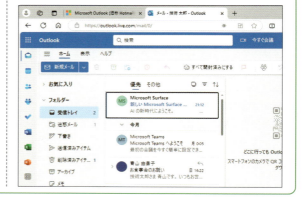

第 **6** 章

スマートフォンと連携しよう

Section 41	スマートフォンと写真や音楽をやり取りしよう
Section 42	Androidスマートフォンと連携しよう
Section 43	スマートフォン連携の設定を行おう
Section 44	iPhoneと写真や音楽をやり取りしよう
Section 45	iPhoneと連携しよう
Section 46	スマートフォン連携を活用しよう

Section 41 スマートフォンと写真や音楽をやり取りしよう

ここで学ぶこと
- 「フォト」アプリ
- Android
- エクスプローラー

Androidスマートフォンで撮影した写真やビデオは、**「フォト」アプリ**を利用してパソコンに取り込めます。また、パソコン内の音楽ファイルをAndroidスマートフォンに転送するときは、**エクスプローラー**を利用します。

1 Androidスマートフォンから写真をパソコンに転送する

解説
写真やビデオをパソコンに取り込む

Androidスマートフォンで撮影した写真やビデオは、「フォト」アプリを利用することでパソコンに取り込めます。ここでは、GoogleのPixel 7a（OSはAndroid 14）を例に、Androidスマートフォンから写真やビデオを取り込む方法を説明します。

1 AndroidスマートフォンとパソコンをUSBケーブルで接続します。

2 通知バナーが表示されたら、クリックします。

3 項目名の下に「フォト」と書かれている [写真と動画のインポート] をクリックします。

補足
通知バナーについて

通知バナーが表示されるのは、Androidスマートフォンで撮影した写真やビデオをはじめてパソコンに転送するときのみです。次回からは通知バナーは表示されません。

補足
Androidスマートフォンでの操作

Androidスマートフォンで撮影した写真やビデオをパソコンに転送するには、Androidスマートフォンとパソコンを接続したときのUSBの動作モードを「充電」から[ファイル転送/Android Auto]に変更する必要があります。右の手順6以降の操作は、Pixel 7aを例にこの手順を説明しています。

補足
「思い出のための…」画面が表示される

利用環境によっては、手順4のあとに「思い出のための…」画面が表示される場合があります。この画面が表示されたときは、[次]をクリックして手順5に進んでください。

応用技
ほかのAndroidスマートフォンの場合

ほかのAndroidスマートフォンを利用している場合やAndroidのバージョンが異なる場合など、右の手順と操作画面が異なる場合は、使用しているAndroidスマートフォンの取り扱い説明書などを参考にUSBの動作モードを[ファイル転送/Android Auto]や「ファイル転送」に変更してください。

---

4 [インポートを開く]をクリックします。

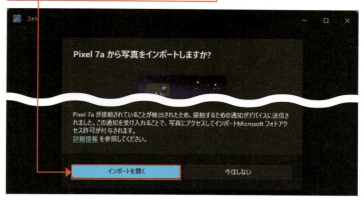

5 「デバイスにアクセスできませんでした」の画面が表示されたら、Androidスマートフォンの設定変更を行います。

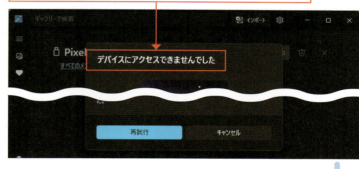

6 Androidスマートフォンのロックを解除し、

7 上から下にスワイプして「通知パネル」を表示します。

8 [このデバイスをUSBで充電中]をタップします。

9 画面下にメッセージが追加されるので、[このデバイスをUSBで充電中]を再度タップします。

補足
本人確認画面が表示された

手順10のあとに本人確認画面が表示されたときは、画面の指示に従って本人確認を行うと、[ファイル転送/Android Auto]の◎が◉になります。

ヒント
特定の写真のみを選択する

右の手順ではすべての検出したすべての写真を選択していますが（手順14参照）、写真のサムネイルの右上のあるチェックボックスをクリックして☑[オン]にすると、選択した写真のみをインポートできます。

応用技
エクスプローラーで操作する

エクスプローラーを利用することでも、スマートフォン内の写真やビデオ、音楽ファイルをパソコンにコピーしたり、逆にパソコンからスマートフォンにコピーしたりできます。機種によって保存先フォルダーが異なる場合がありますが、Pixel 7aで撮影した写真やビデオは「DICM」フォルダー内の「Camera」フォルダーに保存されています。また、スクリーンショットは、「Pictures」フォルダー内の「Screenshots」フォルダーに保存されています。

10 [ファイル転送/Android Auto]をタップして◎を◉にします。

11 「フォト」アプリがこの画面に変更されたときは、

12 [インポートを開く]をクリックします。

13 Androidスマートフォン内の写真の検出が行われます。

14 写真の検出が完了したら、[新しい○（○は写真の数、ここでは「260」）の選択]のチェックボックスの■をクリックして☑[オン]にし、

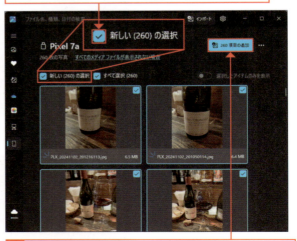

15 [○（○は写真の数、ここでは「260」）項目の追加]をクリックします。

ヒント

インポートした写真を確認する

パソコンにインポートした写真を確認したいときは、手順17の画面で🖼をクリックします。ギャラリーが表示されインポートした写真を確認できます。

16 ［インポート］をクリックします。

17 選択した写真がパソコンにインポートされます。

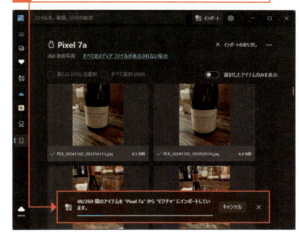

補足　音楽ファイルをAndroidスマートフォンに転送する

Androidスマートフォンにパソコン内の音楽ファイルを転送したいときは、エクスプローラーでAndroidスマートフォンの「Music」フォルダーに音楽ファイルをコピーします。Androidスマートフォンとパソコンを USB ケーブルで接続し、145ページの手順6から146ページの手順10を参考にUSBの設定を［ファイル転送/Android Auto］することで、エクスプローラーでAndroidスマートフォンの「Music」フォルダーにアクセスできます。

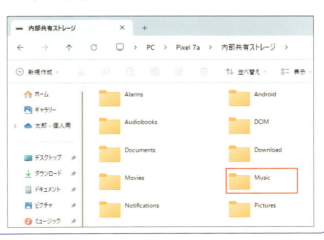

Section 42 Androidスマートフォンと連携しよう

ここで学ぶこと
・スマートフォン連携
・リンク
・Androidスマートフォン

「スマートフォン連携」アプリを利用すると、Androidスマートフォンに届いたSMSのメッセージをパソコンで送受信したり、通話をしたりできます。この機能を利用するには、Androidスマートフォンとパソコンをリンクします。

1 Androidスマートフォン／タブレットとのリンクの準備を行う

解説
「スマートフォン連携」アプリを利用するには

Androidスマートフォンで「スマートフォン連携」アプリを利用するためには、Microsoftアカウントが必要です。また、Androidスマートフォンとパソコンをリンクする必要があります。リンクは、右の手順を参考に、「スマートフォン連携」アプリでパソコンのモニターに「QRコード」を表示し、150ページからの手順でそのQRコードをAndroidスマートフォンで読み込むことで行います。

ヒント
Windowsの初期設定でも設定できる

Androidスマートフォンとパソコンのリンクは、Windows 11の初期設定時（302ページ参照）に行うこともできます。Windows 11の初期設定時にリンクを行う場合は、150ページからの手順を参考にAndroidスマートフォンで作業を行ってください。

1 ▦をクリックしてスタートメニューを表示し、

2 ［すべて］をクリックします。

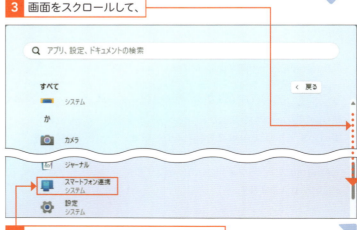

3 画面をスクロールして、

4 ［スマートフォン連携］をクリックします。

補足

「サインイン」画面が表示された

「スマートフォン連携」アプリをはじめて起動したときは、手順6のあとに「サインイン」画面が表示される場合があります。「サインイン」画面が表示されたときは、画面の指示に従ってサインインを行ってください。

補足

iPhoneの場合

iPhoneとパソコンをリンクするときの手順については、158ページで紹介しています。手順6で[iPhone]をクリックし、158ページからの手順を参考にリンク作業を行ってください。

補足

連携済みの機器がある場合

2台目以降の機器を連携させるときは、右の手順5の画面は表示されません。手順5の画面を表示したいときは、⚙[設定]→[自分のデバイス]→[新しいデバイスのリンク]の順にクリックします。なお、「スマートフォン連携」アプリで連携できるのは、「既定」に設定された1台機器のみです。現状では2台の機器を連携しても2台同時に利用できるわけではありません。

---

5 「スマートフォン連携」が開きます。

6 リンクしたいデバイス（ここでは[Android]）をクリックします。

7 QRコードが表示されます。パソコンはこのままの状態にしておき、150ページを参考にAndroidスマートフォンでリンク設定を開始してください。

応用技　「設定」から「スマートフォン連携」アプリを開く

「設定」を開き、[Bluetoothとデバイス]→[モバイルデバイス]の順にクリックすることでも、「スマートフォン連携」アプリは開きます。[スマートフォン連携]を[オン]にすると、上の手順5の画面が開きます。また、リンク済みの場合は、[スマートフォン連携を開く]をクリックすると、「スマートフォン連携」アプリが開きます。

❷ Androidスマートフォンをパソコンとリンクする

💬 解説

**Androidスマートフォンと
パソコンのリンク**

148〜149ページの手順でパソコンに
QRコードを表示したら、そのQRコード
をAndroidスマートフォンで読み取って
パソコンとのリンクを行います。この作
業は、右の手順に従ってAndroidスマー
トフォンで行います。

1 Androidスマートフォンで「カメラ」アプリを起動し、

2 パソコンのモニターに表示されたQRコードを読み取ります。

3 「カメラ」アプリに表示されたリンクをタップします。

4 Google Playの「Windowsにリンク」アプリのインストールページが表示されます。

5 ［インストール］をタップします。

💡 ヒント

**サムスン製スマートフォン
について**

5G対応のサムスン製スマートフォンの
多くには、「Windowsにリンク」アプリ
がプリインストールされた状態で出荷さ
れています。「Windowsにリンク」アプ
リがプリインストールされた製品では、
右の手順❸のあとに151ページの手順❼
の画面が表示されます。

6 インストールが完了したら、［次へ］をタップします。

ヒント

入力コードについて

手順8で入力するコードは、パソコン側で起動中の「スマートフォン連携」アプリに自動表示されます。なお、コードの有効時間は10分間です。10分以内にコードを入力してください。

補足

Microsoft アカウントでサインイン

Androidスマートフォンにインストールした「Windowsにリンク」アプリの利用にはMicrosoft アカウントでのサインインが必須です。手順10では、リンクするパソコンと同じMicrosoft アカウントのパスワードを入力します。

アクセス権限の設定について

手順12から行うアクセス権限の設定は、「SMSメッセージの送信と表示」「写真と動画へのアクセス」「電話の発信と管理」「連絡先へのアクセス」「通話履歴へのアクセス」「写真と動画の撮影」「通知の送信」を「Windowsにリンク」アプリに認めるかどうかの設定です（モデルやAndroidのバージョンによって異なります）。この設定が開始されると、パソコン側で起動中の「スマートフォン連携」アプリの画面がアクセス許可の設定中であることを知らせる内容に変わります。

7 コードの入力画面が表示されるので、

8 パソコンに表示されているコードを入力し、

9 ［続行］をタップします（左中段の補足参照）。

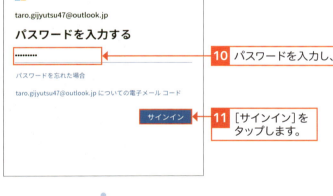

10 パスワードを入力し、

11 ［サインイン］をタップします。

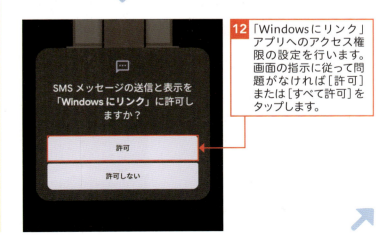

12 「Windowsにリンク」アプリへのアクセス権限の設定を行います。画面の指示に従って問題がなければ［許可］または［すべて許可］をタップします。

42

Androidスマートフォンと連携しよう

6 スマートフォンと連携しよう

151

Androidスマートフォンで行う操作について

Androidスマートフォンで行うパソコンとのリンク設定は、手順15の画面が表示されたら完了です。手順17以降の操作は、パソコン側で行います。

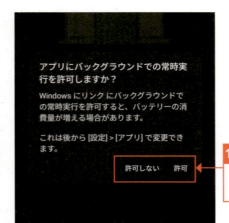

13 「アプリに...」画面が表示されたら、[許可しない]または[許可]をタップします。

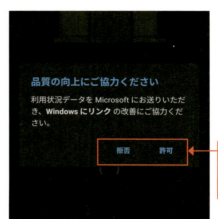

14 「品質の向上に...」画面が表示されたら、[拒否]または[許可]をタップします。

「設定」画面が表示された

右の手順16で[完了]をタップすると、Androidスマートフォンには、「Windowsにリンク」アプリの設定画面が表示されます。この画面では、パソコンとのリンクの解除やアプリのバックグラウンドでの実行の許可／不許可、モバイルデータ通信を利用したパソコンとの同期などの設定が行えます。

15 この画面が表示されたらパソコンとのリンクは完了です。

16 [完了]をタップします。

補足

サインイン時に「スマートフォン連携」を開く

手順19の「スマートフォン連携へようこそ！」画面で [Windowsにサインインするときに...]の ☐ を ☑ にすると、Windowsにサインインすると「スマートフォン連携」アプリが自動的に開かれます。

---

17 リンクが完了すると、パソコン側の「スマートフォン連携」アプリに「すべて完了しています」と表示されます。

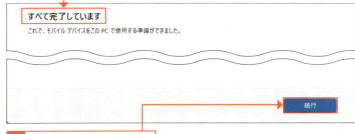

18 [続行]をクリックすると、

19 「スマートフォン連携へようこそ！」と表示されます。

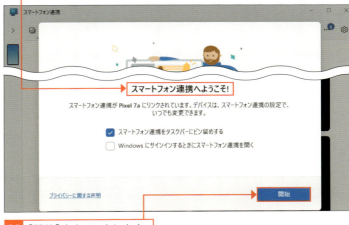

20 [開始]をクリックします。

21 「調査を開始する...」画面が表示されます。

22 [スキップ]をクリックし、154ページに進んでスマートフォン連携の設定を行ってください（左の「補足」参照）。

補足

追加の設定について

Androidスマートフォンは、「スマートフォン連携」アプリとのリンクを行っただけでは、通話機能やAndroidスマートフォンが受け取った通知を表示する機能は利用できません。これらの機能を利用するには、154～157ページを参考に追加の設定を行う必要があります。

Section 43 スマートフォン連携の設定を行おう

ここで学ぶこと
- Androidスマートフォン
- 音声通話
- 通知

Androidスマートフォンにかかってきた**音声通話**をパソコンで受けたり、パソコンから発信したりするには、そのための**設定**を別途行う必要があります。この設定を行っておけば、パソコンをより便利に利用できます。

1 パソコンで音声通話をするための設定を行う

解説　パソコンで音声通話を行うための設定

「スマートフォン連携」アプリを利用しパソコンで音声通話を行うには、AndroidスマートフォンとパソコンをBluetoothでペアリングし、Androidスマートフォンでアクセス許可の設定を行います。ここでは、その手順を説明しています。

補足　設定にはBluetoothが必須

「スマートフォン連携」アプリを利用しパソコンで音声通話を行うには、パソコンがBluetoothを備えている必要があります。Bluetoothを備えていないパソコンでは、音声通話は行えません。

1 148ページの手順を参考に「スマートフォン連携」アプリを開き、

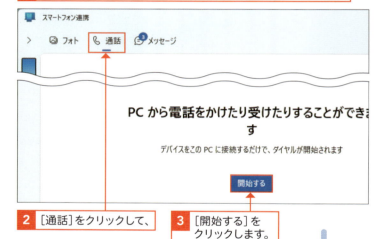

2 [通話]をクリックして、　**3** [開始する]をクリックします。

4 [ペアリングの開始]をクリックします。

ヒント

パソコンの画面について

Bluetoothのペアリングを開始する手順 5 の操作のあと、パソコンの画面には、「お使いのデバイスを確認してください」と表示されます。また、パソコンの画面は、Androidスマートフォンの設定の進捗状況によって自動的に変わります。

補足

通知が消えてしまったときは

手順 6 の通知が消えてしまったときは、上から下にスワイプして「通知パネル」を表示すると、通知を表示できます。「スマートフォン連携アプリ...」の［開く］をタップすると、手順 8 の画面が表示されるので［許可］をタップしてください。なお、この手順で操作した場合、手順 9 の画面が表示されず、通知が再度送られる場合があります。その場合は、送られてきた通知の［開く］をタップすると、手順 9 の画面が表示されます。

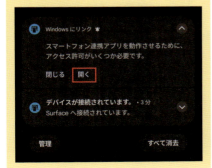

5 ［設定］をクリックします。

6 Androidスマートフォンに通知が表示されるので、

7 ［開く］をタップします。

8 「付近のデバイスの検出...」の画面が表示されたら、［許可］をタップします。

9 ［「Windowsにリンク」が...］の画面が表示されたら、［許可］をタップします。

10 AndroidスマートフォンにBluetoothペア設定コード（PINコード）が表示されます。次はパソコンの操作になります。

ヒント

パソコンで音声通話が行える条件

Androidスマートフォンに着信した音声通話をパソコンで受けて通話するには、パソコンで利用しているスピーカーやマイク、ヘッドセットなどの機器が、Bluetoothを利用していないことが条件です。音声通話を行うときにBluetoothのスピーカーやマイク、ヘッドセットのいずれかをパソコンで利用しているときは、そのパソコンで音声通話は行えません（2024年11月時点）。パソコンで音声通話を行いたいときは、USB接続のマイクやスピーカー、ヘッドセットを利用してください。

補足

連絡先の同期設定を行う

スマートフォンの連絡先を「スマートフォン連携」アプリと同期しておくと、「スマートフォン連携」アプリで連絡先を簡単に見つけることができ、パソコンからSMSを送ったり、電話をかけたりするときに便利に利用できます。連絡先の同期設定は、スマートフォンで「Windowsにリンク」アプリを起動し、［今すぐ同期をオンにする］をタップし、次の画面で［同期］をタップします。

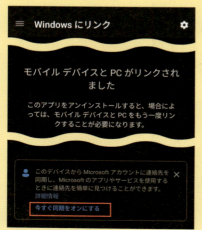

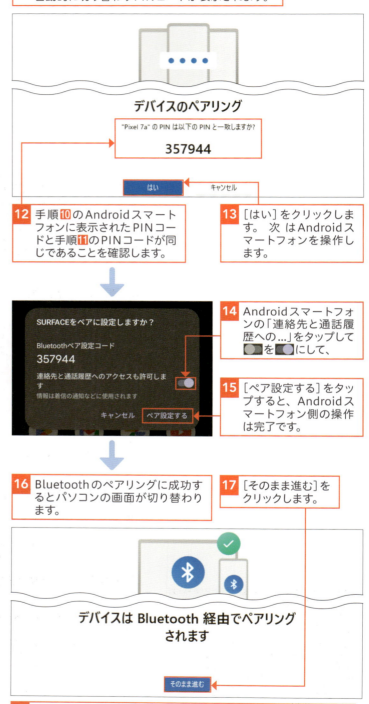

11 パソコンの画面が「デバイスのペアリング」画面に自動的に切り替わりPINコードが表示されます。

12 手順10のAndroidスマートフォンに表示されたPINコードと手順11のPINコードが同じであることを確認します。

13 ［はい］をクリックします。次はAndroidスマートフォンを操作します。

14 Androidスマートフォンの「連絡先と通話履歴への...」をタップして⬜を⬜にして、

15 ［ペア設定する］をタップすると、Androidスマートフォン側の操作は完了です。

16 Bluetoothのペアリングに成功するとパソコンの画面が切り替わります。

17 ［そのまま進む］をクリックします。

18 「スマートフォン連携」アプリの「通話」タブの画面が表示されます。

補足 **Androidスマートフォンの通知をパソコンに表示する設定を行う**

「スマートフォン連携」アプリは、Androidスマートフォンが受け取った各種通知をパソコンに表示する機能を備えています。この機能を利用するには、Androidスマートフォンにパソコンで通知を表示するための設定を行う必要があります。この設定は、以下の手順で行います。

1 148ページの手順を参考に「スマートフォン連携」アプリを開き、

2 ＞をクリックします。

3 ［モデルデバイスで設定を開く］をクリックします。

4 Androidスマートフォンに通知が表示されます。

5 ［開く］をタップします。

6 ［Windowsにリンク］をタップします。

7 「通知へのアクセスを許可」の◯をタップします。

8 ［許可］をタップすると、

9 手順**7**の画面に戻り、「通知へのアクセスを許可」が◯になります。これで通知の設定は完了です。

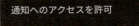

Section 44 iPhoneと写真や音楽をやり取りしよう

ここで学ぶこと
- 「フォト」アプリ
- iPhone／iCloud
- iTunes

「**フォト**」**アプリ**を利用すると、iPhoneで撮影した写真やビデオをパソコンで編集できます。また、**iCloud**や**iTunes**などのアプリをインストールすると、写真やビデオ、音楽ファイルを**iPhone**とパソコンとの間でより便利に利用できます。

1 iPhoneの写真をパソコンに転送する

解説
iPhoneから写真やビデオを取り込む

iPhoneで撮影した写真やビデオをパソコンで楽しむには、USBケーブルを用いてiPhoneからパソコンに写真／ビデオを転送する方法と、Appleが無償提供しているiCloudアプリをインストールして写真／ビデオをiCloud経由でパソコンと共有する方法があります。ここでは、特別なアプリをインストールすることなく利用できる、前者のUSBケーブルを用いた転送方法を説明します。

補足
通知バナーについて

手順2の通知バナーや手順3の画面が表示されるのは、iPhoneで撮影した写真やビデオをはじめてパソコンに転送するときのみです。次回からこれらの画面は表示されません。

1 iPhoneのロックを解除して、USBケーブルでパソコンと接続します。

2 通知バナーが表示されたら、クリックします。

3 項目名の下に「フォト」と書かれている [写真と動画のインポート] をクリックします。

補足

「フォト」アプリで写真を取り込む

iPhoneからUSBケーブルで写真／ビデオをパソコンに取り込むときは、「フォト」アプリを利用します。この方法で写真／ビデオを取り込むときは、iPhoneに写真やビデオへのアクセス許可を求める画面が表示されたり、パスコードの入力を求められたりする場合があります。アクセス許可を求める画面が表示されたら、必ず［許可］をタップしてください。

補足

「問題が発生しました」画面

158ページの手順**3**のあとに「問題が発生しました」と表示された場合は、iPhone内の写真やビデオへのアクセスが承認されていません。この画面が表示されたときは、右の手順に従って操作を行ってください。なお、この画面が何度も表示され、手順**7**に進まないときは、iPhoneの「設定」画面を表示し、［iCloud］→［写真］→［オリジナルをダウンロード］とタップして、158ページの手順**1**から作業をやり直してみてください。

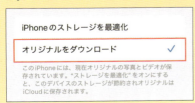

4 「フォト」アプリが起動し「問題が発生しました」と表示されたときは、

5 iPhoneのロックを解除して［許可］をタップします。

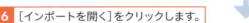

6 ［インポートを開く］をクリックします。

7 iPhone内にある写真の情報が読み込まれて表示されます。

解説

写真やビデオの取り込み

右の手順では、パソコンに取り込まれていない状態の写真／ビデオを一括選択して取り込む手順を紹介しています。選択した写真／ビデオのみを取り込みたいときは、写真右上のチェックボックスをクリックして[オン]にします。

補足

写真／ビデオの取り込み先

iPhoneから取り込んだ写真／ビデオは、通常、エクスプローラーのクイックアクセスの［ピクチャ］をクリックすることで表示できます。また、手順10の画面に複数のフォルダーが表示されているときは、その中から取り込み先フォルダーを選択できるほか、［フォルダーの作成］をクリックすると、選択中のフォルダー（ここでは［ピクチャ（太郎-個人用）］）内に新しいフォルダーを作成し、そこに写真／ビデオを取り込むことができます。

補足

iCloudで写真を共有する

パソコンに「iCloud」アプリをインストールすると、Appleの提供するクラウドサービス「iCloud」を経由してパソコンとiPhoneの間で写真を共有できます。「iCloud」アプリのインストールは「フォト」アプリの［iCloudフォト］をクリックし、［Windows用iCloudを取得］をクリックすることでインストールできます。

8 ［新しい○（○は写真の数、ここでは「243」）の選択］のチェックボックスの■をクリックして［オン］にし、

左の「解説」参照

9 ［○（○は写真の数、ここでは「243」）項目の追加］をクリックします。

10 ［インポート］をクリックします。

11 選択した写真がパソコンにインポートされます。

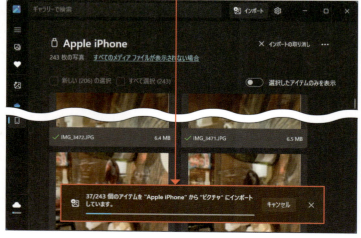

応用技 音楽ファイルをiTunesでiPhoneに転送する

音楽ファイルをiPhoneに転送したいときは、Appleが無償配布しているアプリ「iTunes」を利用します。iTunesを利用すると、音楽CDからパソコンに音楽ファイルを取り込んだり、iTunes Storeから音楽を購入したり、iTunesで管理している音楽ファイルをiPhoneに同期(転送)したりできます。iTunesを利用してパソコン内の音楽ファイルをiPhoneに転送するときは、以下の手順で行います。iTunesのインストールについては、217ページを参照してください。また、iTunesの初期設定などについては画面の指示に従って行っておいてください。

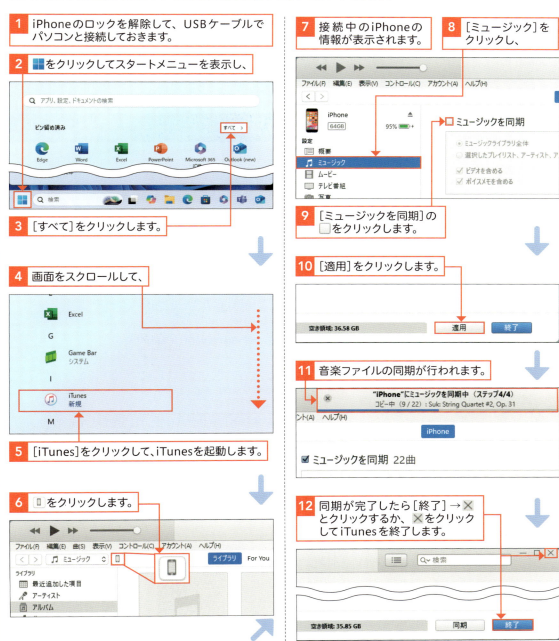

Section 45 iPhoneと連携しよう

ここで学ぶこと
・スマートフォン連携
・リンク
・iPhone

「スマートフォン連携」アプリを利用すると、iPhoneに届いた**SMSのメッセージ**をパソコンで**送受信**したり、**通話**をしたりできます。この機能を利用するには、iPhoneとパソコンを**リンク**します。

① iPhoneとのリンクの準備を行う

🗨 解説
「スマートフォン連携」アプリを利用するには

「スマートフォン連携」アプリの機能をiPhoneで利用するには、iPhoneとパソコンをペアリング（リンク）する必要があります。ペアリングは、右の手順でパソコンのモニターに「QRコード」を表示し、そのQRコードをiPhoneで読み込むことで行います。

✏ 補足
連携済みスマートフォンがある場合

2台目以降の機器を連携させるときは、右の手順①の画面は表示されません。手順①の画面を表示したいときは、［設定］→［自分のデバイス］→［デバイスの追加］の順にクリックします。なお、「スマートフォン連携」アプリで連携できるのは、「既定」に設定された1台のみです。現状では2台の機器を連携しても2台同時に利用できるわけではありません。

1 148ページの手順を参考に「スマートフォン連携」アプリを開き、

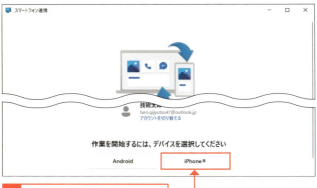

2 ［iPhone］をクリックします。

3 QRコードが表示されます。パソコンはこのままの状態にしておき、163ページからの手順を参考にiPhoneで同期設定を開始してください。

② iPhoneとパソコンをペアリングする

解説

iPhoneとパソコンをペアリングする

iPhoneとパソコンのペアリングには、Bluetoothを利用します。Bluetoothを備えていないパソコンでは「スマートフォン連携」アプリの機能を利用できません。iPhoneとパソコンのペアリングは、右の手順で行います。

1 iPhoneの「カメラ」アプリを起動し、

2 パソコンのモニターに表示されたQRコードを読み取ります。

3 「カメラ」アプリに表示されたリンクをタップします。

4 [開く]をタップします。

5 「デバイスのペアリング」画面が表示されます。

6 [続行]をタップします。

補足

QRコードの制限時間

162ページの手順3で表示したQRコードには、「3分間」の制限時間があります。iPhoneとパソコンのペアリングは、QRコードの制限時間内に行えないと失敗する場合があるので注意してください。

Bluetoothがオフのときは

iPhoneのBluetoothがオフになっているときは、手順7でBluetoothをオンすることを促す画面が表示されます。この画面が表示されたときは[設定]をタップして、iPhoneの「設定」画面を表示し、Bluetoothを「オン」にしてください。また、Bluetoothの設定を変更したときは、制限時間を考え、パソコンで表示しているQRコードの画面をいったん終了し、QRコードの表示からやり直すことをお勧めします。

ペアリングに失敗する

iPhoneに「もう一度お試しください」と表示されペアリングに失敗したように見えても、実際には成功している場合があります。そのときは、パソコン側に「もう少しで完了です！」という画面が表示されます。パソコンにこの画面が表示されたときは、iPhoneのペアリング画面を閉じてしばらくすると、165ページの手順14の画面が表示されます。なお、パソコン側にもペアリングが失敗したことを知らせる画面が表示されたときは、パソコン側の「スマートフォン連携」アプリを終了し、162ページの手順1からやり直してみてください。

ペアリングの順番

右の手順では、iPhone→パソコンの順にペアリング操作を行っていますが、iPhone／パソコンに同じコードが表示されていることを確認していれば、この順序は逆でもかまいません。

7 この画面が表示されたときは、[許可]をタップします。

8 iPhoneにペアリングの要求画面が表示されたら、

9 パソコンのコードとiPhoneのコードが同じかどうかを確認し、

10 [ペアリング]をタップします。

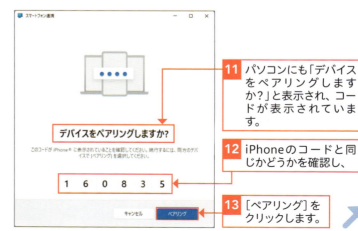

11 パソコンにも「デバイスをペアリングしますか？」と表示され、コードが表示されています。

12 iPhoneのコードと同じかどうかを確認し、

13 [ペアリング]をクリックします。

補足 パソコン側の画面

右の手順16までの作業を終えると、パソコン側には、「もう少しです」画面が表示されます。[今はスキップ]または[続行]をクリックし、画面の指示に従って操作を行ってください。

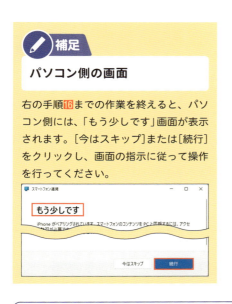

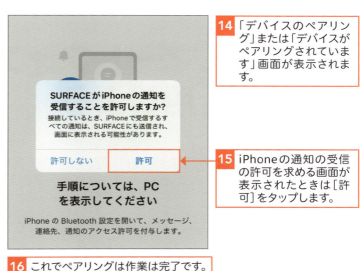

14 「デバイスのペアリング」または「デバイスがペアリングされています」画面が表示されます。

15 iPhoneの通知の受信の許可を求める画面が表示されたときは[許可]をタップします。

16 これでペアリングは作業は完了です。

補足 iPhoneでアクセス許可の設定を行う

上の手順16までの作業を行っただけでは、iPhoneとパソコンの連携機能のうち、iPhoneの音声通話の発着信機能と、iPhoneで受信した各種通知のパソコンへの表示機能のみに限定されます。すべての機能を利用するには、以下の設定をiPhoneで行ってください。この設定を行うことで、音声通話の通話履歴の表示、SMSメッセージの送受信なども機能も使用できるようになります。

1 ホーム画面で、「設定」をタップします。

2 [Bluetooth]をタップします。

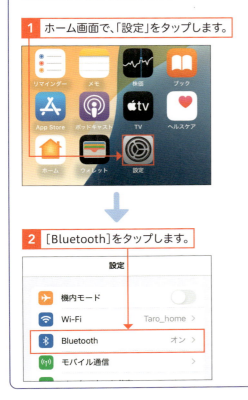

3 接続済みのデバイス（ここでは「SURFACE」）の ⓘ をタップします。

4 [メッセージの通知を表示]の ○ をタップして ● にします。

5 [連絡先を同期]と[システム通知を共有]の ○ もタップして ● にして、「設定」を閉じます。

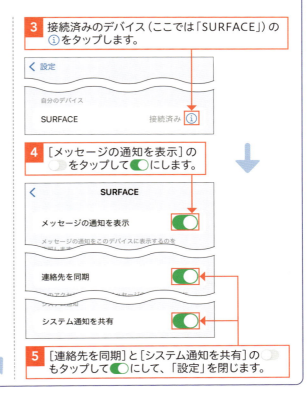

Section 46 スマートフォン連携を活用しよう

ここで学ぶこと
・音声通話の受発信
・SMS送受信
・通知の表示

「スマートフォン連携」アプリを利用すると、Androidスマートフォン／iPhoneに送られた**SMSのメッセージ**や**音声通話**をパソコンで受けたり、パソコンから発信したり、**送受信履歴**を確認したりできます。

1 パソコンでSMSを送受信する

解説
SMSのメッセージを送受信する

「スマートフォン連携」アプリは、最後に利用していたタスクを選択した状態で開きます。タスクとは、「スマートフォン連携」アプリで利用できる作業(機能)です。「通知」「メッセージ」「通話」の3つの機能がAndroid／iPhone共通で利用できます。また、「フォト」はAndroidのみで利用できます。右の手順では、メッセージを利用して、SMSのメッセージの送受信を行う方法を説明しています。操作方法は、Android／iPhone共通です。

1 148ページの手順を参考に「スマートフォン連携」アプリを開くと、
2 前回最後に利用していたタスク(ここでは「通話」)が表示されます。

3 [メッセージ]をクリックします。

4 メッセージをやり取りしたい人(ここでは[鈴木花子])をクリックします。

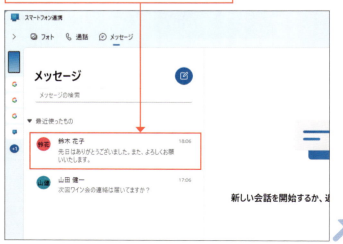

補足
プラスメッセージは表示されない

「スマートフォン連携」アプリのメッセージ機能は、プラスメッセージやRakuten Linkのメッセージ機能でやり取りを表示することはできません。Androidスマートフォンは「Googleメッセージ」にのみ対応しています。

文中で改行する

入力したメッセージを文中で改行したいときは、[Shift]を押しながら[Enter]を押します。[Enter]のみを押してしまうと、入力したメッセージを送信してしまうので注意してください。

新規メッセージを送信する

画面に表示されていない友達にSMSのメッセージを送信したいときは、をクリックすると、新しい宛先が表示されるので、宛先に電話番号または名前を入力し、メッセージを入力して送信します。

5 その相手とのSMSのやり取りが表示されます。

6 メッセージを入力し、

7 [Enter]を押すか▷をクリックすると、

8 入力したメッセージが送信されます。

9 アプリ起動中に返信があると、そのメッセージが表示されます。

補足　通知バナーでSMSのメッセージに返信する

AndroidやiPhoneとの連携設定を行った「スマートフォン連携」アプリは、通常、Windows 11へのサインインと同時に見えないところで動作しています。これによって、「スマートフォン連携」アプリのウィンドウを表示していなくても、通知バナーで受信したSMSのメッセージの内容を確認したり、返信したりできます。

46 スマートフォン連携を活用しよう

6 スマートフォンと連携しよう

167

❷ 着信をパソコンで受ける

🗨 解説

パソコンで電話を受ける

Android／iPhoneに音声通話で着信があると、パソコンに通知バナーが表示されます。［PCで承諾する］をクリックすると、パソコンのスピーカーやマイクを使って通話できます。なお、Bluetoothのスピーカーやマイク、ヘッドセットなどを利用している場合など、パソコンでの音声通話の利用が制限される場合は、通知バナーの表示が［モバイルデバイスを使用する］に変わります。

1 Android／iPhoneに着信があると、通知バナーが表示されます。

2 ［PCで承諾する］をクリックします。

3 「PCでの通話」画面が表示され、パソコンのマイクやスピーカーを使っての通話が始まります。

4 📞［電話に転送］をクリックすると、通話をAndroid／iPhoneに切り替えます。

5 をクリックすると、通話を終了します。

❸ パソコンから電話をかける

🗨 解説

パソコンから電話をかける

「スマートフォン連携」アプリは、Android／iPhoneに変わってパソコンから音声通話の発信を行うこともできます。音声通話の発信は、右の手順で「スマートフォン連携」アプリを開き、［通話］をクリックして発信を行います。

1 「スマートフォン連携」アプリを開き、

2 ［通話］をクリックし、

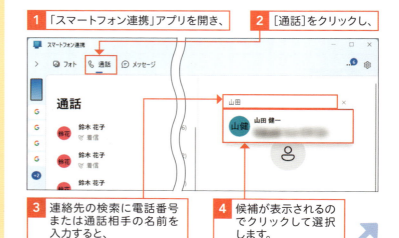

3 連絡先の検索に電話番号または通話相手の名前を入力すると、

4 候補が表示されるのでクリックして選択します。

補足

音声通話発信時の通話について

音声通話の着信をパソコンで受けるときと同様に、パソコンでBluetoothのスピーカーやマイク、ヘッドセットなどを利用していると、実際の通話を制限される場合があります。そのときは、相手が電話に出るとAndroid／iPhoneに自動的に通話が切り替わります。

5 ◉をクリックすると発信が開始され、

6 「PCでの通話」画面が表示されます。

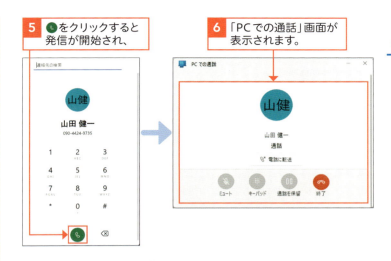

④ Android／iPhoneの通知履歴を確認する

解説

Android／iPhoneの通知を確認する

「スマートフォン連携」アプリは、Android／iPhoneが受け取った各種通知を表示する機能を備えています。各種通知は、「スマートフォン連携」アプリのウインドウの幅を一定以上に広げることで表示できるほか、右の手順でも表示できます。また、「スマートフォン連携」アプリを開いていないときにAndroid／iPhoneが通知を受け取ると、その通知は、通知バナーでパソコンに表示されます。

1 「スマートフォン連携」アプリを開き、
2 ＞をクリックします。
3 Android／iPhoneの通知履歴が表示されます。
4 ＜をクリックすると、履歴画面が閉じます。

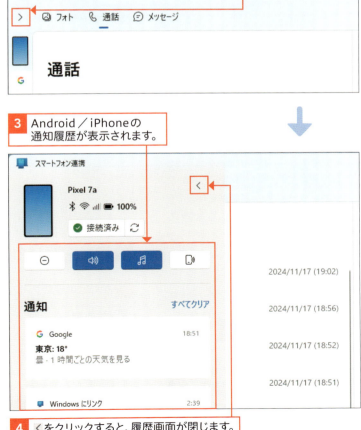

❺ Androidの写真を表示する

Androidで撮影した写真を閲覧する

「スマートフォン連携」アプリを利用すると、Androidスマートフォンで撮影した写真やスクリーンショットを閲覧したり、パソコンに保存したりできます。また、閲覧中の写真を別のアプリで表示したり、削除したりすることもできます。写真の閲覧は、右の手順で行います。

1 「スマートフォン連携」アプリを開き、

2 [フォト]をクリックします。

3 Androidで撮影した写真やスクリーンショットの一覧が表示されます。

4 閲覧したい写真をクリックすると、

5 写真が表示されます。

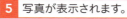

6 [フォトに戻る]をクリックすると、

7 手順3の写真やスクリーンショットの一覧に戻ります。

補足

写真をパソコンに保存する

手順5の画面で[名前を付けて保存]をクリックすると、表示中の写真をパソコンに保存できます。また、手順3の画面で、写真を右クリックし、[名前を付けて保存]をクリックすることでも写真をパソコンに保存できます。

第 **7** 章

音楽／写真／ビデオを活用しよう

Section 47	音楽CDから曲を取り込もう
Section 48	写真や動画を撮影しよう
Section 49	デジタルカメラから写真を取り込もう
Section 50	写真を閲覧しよう
Section 51	写真を編集しよう
Section 52	Image Creatorで画像を作ろう
Section 53	オリジナルのビデオを作成しよう
Section 54	ビデオを再生しよう

Section 47 音楽CDから曲を取り込もう

ここで学ぶこと
- 曲の取り込み
- 音楽ファイル
- メディアプレーヤー

「**メディアプレーヤー**」**アプリ**を利用すると、**市販の音楽CD**から好きな曲をパソコンに取り込めます。取り込んだ曲は、パソコンで再生して楽しめるほか、**スマートフォン**や**タブレット**などに転送して再生することもできます。

1 音楽CDの曲をパソコンに取り込む

解説
音楽CDの取り込み

音楽CDの取り込みとは、音楽CDに収録されている曲をパソコンで再生できるファイルに保存することです。「メディアプレーヤー」アプリを利用することで音楽CDの取り込みを行えます。

1 ■をクリックし、

2 [すべて]をクリックします。

3 画面をスクロールして、

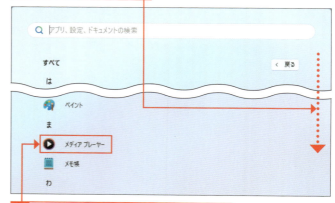

4 [メディアプレーヤー]をクリックします。

補足
光学ドライブが必要

音楽CDの取り込みには、光学ドライブが必要です。パソコンに光学ドライブが搭載されていない場合は、この機能を利用できません。USB接続の光学ドライブなど別途用意してください。

応用技
取り込みの設定

手順9の画面で[取り込みの設定]をクリックすると、音楽CDの取り込み形式（音楽ファイルの形式）やビットレートを変更できます。初期値の形式は、AACが選択されていますが、MP3やWMA、FLAC（ロスレス）、ALAC（ロスレス）なども選択できます。

応用技
特定の曲のみを取り込む

音楽CD内の特定の楽曲を取り込みたいときは、その楽曲の□をクリックし☑にして選択し、…→[取り込み]をクリックします。

補足
音楽CDを取り込み完了時について

本稿執筆時点で提供されている「メディアプレーヤー」アプリは、音楽CDの取り込みが完了した場合、それを知らせる通知を行いません。取り込みが完了したかどうかは、楽曲右に[取り込み完了]と表示されているかどうかで確認してください。

---

5 「メディアプレーヤー」アプリが起動します。

6 音楽CDを光学ドライブにセットします。

7 音楽CDが認識されるとそのアイコン が追加されるのでクリックし、

8 …をクリックして、

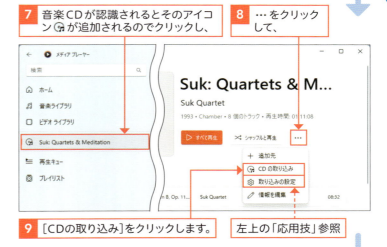

9 [CDの取り込み]をクリックします。　左上の「応用技」参照

10 セットした音楽CDの取り込みが行われます。

左の「補足」参照

11 複数の音楽CDを取り込みたいときは、音楽CDを交換し手順6からの作業を繰り返します。

② 曲を再生する

解説

曲を再生する

曲の再生は、右の手順で「音楽」ライブラリから行います。また、アルバム内の曲を表示してから再生を開始していますが、手順3の画面で、再生したいアルバムの上にマウスポインターを移動し、▶をクリックすることでもアルバムの再生を行えます。

応用技

特定の曲を再生する

特定の曲を再生したいときは、手順5の画面で再生したい曲の☐をクリックして☑にして選択し、[再生]をクリックします。

応用技

ミニプレーヤーで再生する

手順7の画面で右下の🗗をクリックすると、画面サイズを小さくし、曲の再生を継続するミニプレーヤーで再生します。ミニプレーヤーからもとのサイズに戻したいときは、🗗をクリックします。

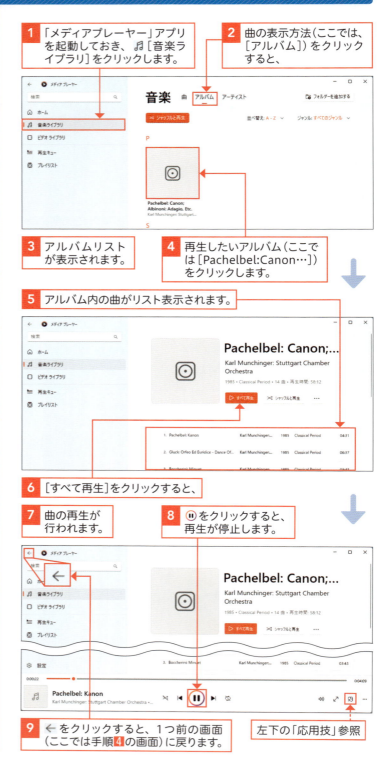

1 「メディアプレーヤー」アプリを起動しておき、🎵[音楽ライブラリ]をクリックします。

2 曲の表示方法(ここでは、[アルバム])をクリックすると、

3 アルバムリストが表示されます。

4 再生したいアルバム(ここでは[Pachelbel:Canon…])をクリックします。

5 アルバム内の曲がリスト表示されます。

6 [すべて再生]をクリックすると、

7 曲の再生が行われます。

8 ⏸をクリックすると、再生が停止します。

9 ←をクリックすると、1つ前の画面(ここでは手順4の画面)に戻ります。

左下の「応用技」参照

③ プレイリストに曲を追加する

解説

プレイリストに追加する

プレイリストとは、ユーザーが自由に作成できる曲再生専用のリストです。音楽ライブラリに登録されている曲を自由に登録できます。右の手順では、新しいプレイリストを作成してプレイリストに曲を追加する手順を紹介しています。作成済みのプレイリストに選択した曲を追加したいときは、手順 4 で既存のプレイリストをクリックします。

応用技

アルバムを追加する

アルバムを追加したいときは、手順 1 の画面のアルバム名の右横にある … をクリックし、［追加先］→［新しいプレイリスト］または既存のプレイリストをクリックするか、［追加先］→［新しいプレイリスト］または既存のプレイリストをクリックします。また、アルバムのリスト画面でアルバム名の上にマウスポインターを移動させて … をクリックし、［追加先］→［新しいプレイリスト］または既存のプレイリストをクリックすることでも追加できます。

補足

プレイリストの再生

プレイリストを再生したいときは、［プレイリスト］をクリックすると、既存のプレイリストの一覧が表示されるので、アルバムを再生するときと同じ手順で再生を開始します。

1 「音楽ライブラリ」でプレイリストに追加したい曲を表示しておきます。

2 プレイリストに追加したい曲の □ をクリックして ☑ にして選択し、

3 ［追加先］をクリックします。

4 ［新しいプレイリスト］をクリックします。

5 作成するプレイリストの名称を入力し、

6 ［作成］をクリックします。

7 プレイリストが作成され、選択した曲が作成したプレイリストに追加されます。

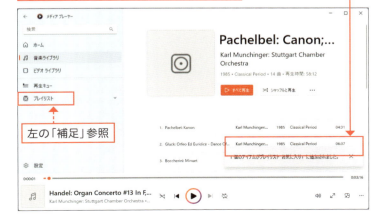

左の「補足」参照

Section 48 写真や動画を撮影しよう

ここで学ぶこと
- 「カメラ」アプリ
- 写真撮影
- 撮影モード

「カメラ」アプリを利用すると、パソコン搭載のカメラで写真やビデオの撮影が行えます。また、前面と背面、外部接続など複数のカメラを備えたパソコンでは、撮影に利用するカメラを切り替えられます。

1 写真または動画を撮影する

解説
写真やビデオの撮影

パソコンに搭載されているカメラで写真やビデオを撮影するときは、「カメラ」アプリを利用します。「カメラ」アプリをはじめて起動したときは、マイクへのアクセスや位置情報の利用を確認するダイアログボックスが表示されるので、許可する際は[はい]をクリックします。

補足
Windows スタジオエフェクトを使う

「カメラ」アプリには、「Windows スタジオエフェクト」という機能が備わっています。動画撮影時に背景をボカした撮影などができる機能で、Copilot + PC でのみ利用できます。ビデオ撮影モードにすると画面右上に のアイコンが表示されます。

1 ■をクリックし、

2 [すべて]をクリックします。

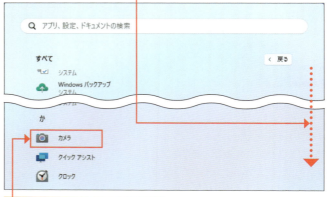

3 画面をスクロールして、

4 [カメラ]をクリックします。

補足

撮影に利用するカメラを切り替える

前面と背面など、パソコンに複数のカメラが備わっているときは、撮影に利用するカメラを切り替えられます。カメラの切り替えは、■をクリックすることで行えます。

応用技

撮影モードについて

パソコンによっては、パノラマ撮影やドキュメント撮影など、複数の撮影モードが利用できる場合があります。これらの撮影モードは、対応した機器でのみ表示され、アイコンをクリックすることで撮影モードを切り替えられます。

補足

撮影した写真を確認する

手順10の撮影した写真のサムネイルをクリックすると、「フォト」アプリで撮影した写真を確認できます。また、をクリックすると、「カメラ」アプリに戻ります。

5 大きく表示されているボタンが🎥の場合は、ビデオ撮影モードです。

6 📷 をクリックすると、

7 写真撮影モードになります。

8 📷 をクリックすると、

9 写真撮影が行われ、

10 画面右下に撮影した写真のサムネイルが表示されます。

48 写真や動画を撮影しよう

7 音楽／写真／ビデオを活用しよう

177

Section 49 デジタルカメラから写真を取り込もう

ここで学ぶこと
- 「フォト」アプリ
- デジタルカメラ
- 写真/ビデオの取り込み

デジタルカメラやデジタルビデオカメラで撮影した写真やビデオをパソコンに取り込みたいときは、**「フォト」アプリ**を利用します。「フォト」アプリは、パソコンに取り込んだ**写真を閲覧**したり、**編集**したりするアプリです。

① デジタルカメラの写真をパソコンに取り込む

解説　写真の取り込み

デジタルカメラで撮影した写真をパソコンに取り込むときは、デジタルカメラをパソコンに接続して電源を入れます。続いて「フォト」アプリを利用して写真の取り込みを行います。右の手順では、デジタルカメラから取り込んでいますが、SDメモリーカードから取り込みを行うときも同じ手順で取り込みを行えます。

1　デジタルカメラをパソコンに接続し、デジタルカメラの電源を入れます。

2　通知バナーが表示されたら、これをクリックします。

3　下に「フォト」と書かれている [写真と動画のインポート] をクリックします。

補足

「フォト」アプリが起動しない

178ページの手順2の通知バナーが表示されなかったり、「フォト」アプリが自動起動しないとき、または「フォト」アプリが自動起動してもブラック・アウトしたまま先に進まないときは、180ページの手順を参考に「フォト」アプリを起動して、[インポート]をクリックし、接続したデジタルカメラをクリックすると、手順4の画面が表示されます。

応用技

ビデオの取り込み

ここでは、デジタルカメラで撮影した写真の取り込み方法を解説していますが、デジタルビデオカメラで撮影したビデオ映像をパソコンに取り込むときも同じ手順で行えます。

補足

写真やビデオの取り込み先

取り込まれた写真やビデオは、通常「ピクチャ」または「画像」フォルダー内に保存されます。

---

4 「フォト」アプリが起動し、デジタルカメラ内の写真の情報を読み込みます。

5 [新しい○（○は写真の数、ここでは「127」）の選択]のチェックボックスの■をクリックして☑[オン]にし、

6 [○（○は写真の数、ここでは「127」）項目の追加]をクリックします。

7 [インポート]をクリックします。

8 選択した写真がパソコンにインポートされます。

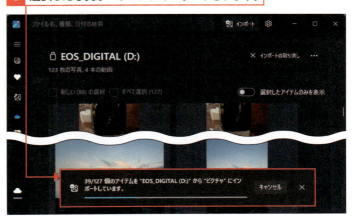

---

49 デジタルカメラから写真を取り込もう

7 音楽／写真／ビデオを活用しよう

179

Section 50 写真を閲覧しよう

ここで学ぶこと
- 「フォト」アプリ
- 閲覧
- 削除

「カメラ」アプリで撮影した写真やデジカメやスマートフォンから取り込んだ写真は、**「フォト」アプリで閲覧**できます。写真は**「撮影日時」で一覧表示**され、閲覧中の写真は**拡大や縮小が行える**ほか、不要な写真の削除を行えます。

1 「フォト」アプリで写真を閲覧する

解説 写真を閲覧する

「フォト」アプリは、写真の閲覧やトリミング、色補正などの写真編集が行えるアプリです。右の手順では、「フォト」アプリを起動し、写真の閲覧を行う基本操作を説明しています。

1 ■をクリックし、
2 ［フォト］をクリックします。

3 「フォト」アプリが起動します。
4 ドラッグすると、
5 撮影日や期間ごとにまとめられた写真が表示されます。
6 閲覧したい写真をダブルクリックすると、

補足 写真の保存場所について

手順3の画面の写真の左上のアイコンは、保存場所を示しています。☁のアイコンは「OneDrive」またはパソコン内の「ピクチャ」フォルダーに保存されている写真、■のアイコンは、iCloudに保存されている写真です。

フィルムストリップとは

「フィルムストリップ(映写スライド)」は、写真を映画のフィルムのように1コマずつ並べて表示する機能です。■をクリックすることでフィルムストリップの表示/非表示を切り替えられます。

閲覧したい写真を切り替える

フィルムストリップ上の写真をクリックすると、閲覧中の写真がその写真に切り替わります。また、画面下のスクロールバーをドラッグするか、フィルムストリップの上にマウスポインターを置き、マウスホイールを回転させるとフィルムストリップをスクロールできます。マウスポインターを画面右端または左端に移動すると[次へ]または[前へ]ボタンが表示され、この状態でクリックすると、次の写真または前の写真を閲覧できます。

写真の拡大/縮小

閲覧中の写真内にマウスポインターを置き、マウスのホイールを回転させると、マウスポインターの場所を中心に写真を拡大/縮小します。また、画面の🔍や🔍をクリックすると、写真の中心(対角線が交わる場所)を中心に拡大/縮小を行います。

7 選択した写真が別ウィンドウで表示されます。

8 ■をクリックすると、

9 フィルムストリップが表示されます。

フィルムストリップ

10 フィルムストリップに表示されている写真をクリックすると、

11 手順10で選択した写真が表示されます。

12 写真の閲覧を終了したいときは✕をクリックします。

Section 51 写真を編集しよう

ここで学ぶこと
・トリミング
・背景をぼかす
・リスタイル（AI）

「**フォト**」**アプリ**は、写真を閲覧するだけでなく、本格的な写真の編集機能も備えています。たとえば、写真を**トリミング**したり、AIの支援によって**写真内のデザインを変更**したりできます。

① 写真（画像）の編集を開始する

💬 解説

写真の編集を行う

「フォト」アプリを利用して写真の編集を行うときは、右の手順で写真の編集モードに切り替えて作業を行います。

✏️ 補足

HEICの写真の編集する場合

iPhone／iPadで撮影したHEIC形式の写真の編集を行うときは、HEIC形式とは別の形式で編集後の写真を保存する必要があることを知らせるダイアログボックスが表示されます。その際は[OK]をクリックしてください。

✏️ 補足

AIアイコンについて

Copilot＋ PCを利用している場合は、アイコンが表示され、AIを活用した写真をリスタイルする追加機能を利用できます（185ページ参照）。

1 「フォト」アプリで色調整を行いたい写真を表示します。

2 編集 をクリックすると、

3 写真（画像）の編集モードに切り替わります。

② 写真をトリミングする

💬 解説

写真のトリミング

「フォト」アプリのトリミング機能は、グリッド内に配置されている部分を残し、それ以外をカットします。トリミングをやり直したいときは、画面上の［リセット］をクリックすることで設定前の状態に戻せます。右の手順では、グリッドの縦横の幅を変更し、残したい部分の調整を行う方法を紹介しています。

✨ 応用技

縦横比や拡大／縮小でトリミングする

画面下の 🔲自由 をクリックすると、あらかじめ用意されている縦横比でグリッドの大きさを変更できます。また、写真の特定部分を拡大して残したいときは、画面上の 🔍 をクリックして縮尺を調整します。

✏️ 補足

写真の傾きを調整する

画面下の ▬▮▬ をドラッグすると、写真の傾きを調整できます。また、🔄 をクリックすると写真を反時計回り／時計回りに90度回転させます。⬌⬍ をクリックすると写真を水平／垂直に反転させます。

---

1 🔲 が選択されていないときは、🔲 をクリックします。

2 写真の上下（ここでは下）の枠にマウスポインターを移動すると、マウスポインターの形状が変化（ここでは ↕ ）するので、

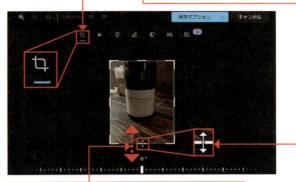

3 ドラッグして枠（縦の枠）の幅を調整します。

4 縦枠の幅が変更されます。

5 続いて左右（ここでは左）の枠にマウスポインターを移動すると、マウスポインターの形状が変化（ここでは ↔ ）するので、

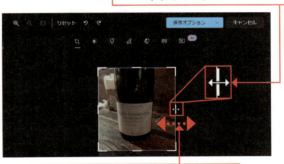

6 ドラッグして枠（横の枠）の幅を調整します。

7 横枠の幅が変更されます。

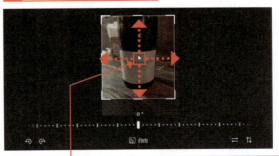

8 写真をドラッグして位置を微調整します。枠内の部分が残され、それ以外はカットされます。

51

写真を編集しよう

7 音楽／写真／ビデオを活用しよう

183

③ 写真の背景をぼかす

💬 解説

写真の背景をぼかす／置換する／削除する

「フォト」アプリには、AIの支援によって写真内の物体や人物を自動識別して、背景のぼかし、置換、削除などが行えます。右の手順では、背景のぼかしを例にこの機能の使い方を説明しています。

✨ 応用技

背景を指定色で置換する

右の手順 ③ で［置換］をクリックすると、カラーピッカーが表示され、指定色で背景を置換できます。また、［削除］をクリックすると、背景を削除できます。

✏️ 補足

選択範囲を手動で調整する

選択ブラシツールの ⬤ ［オフ］をクリックし、⬤ ［オン］にすると、選択範囲を手動で調整できます。［マスクの追加］をクリックすると、ブラシでドラッグした範囲を新たな範囲として追加し、［マスクの削除］をクリックすると、ブラシでドラッグした範囲を削除できます。

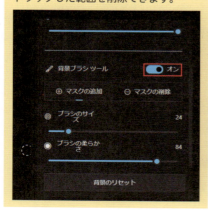

---

1 🖼 をクリックすると、

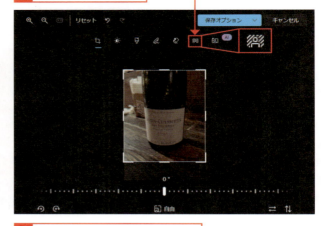

2 写真の背景が自動選択されます。

3 ［ぼかし］をクリックします。

4 ⬤ をドラッグして背景のぼかしの強度を調整すると、

5 背景のぼかしが写真に適用されます。

④ AIで写真をリスタイルする

💬 解説

写真をAIでリスタイルする

「フォト」アプリには、Copilot+ PCでのみ利用できる機能として、生成AIを活用した写真のリスタイル機能が搭載されています。この機能を利用すると、写真全体または背景、人物などの物体に対してAIによる生成機能を利用したデザイン変更などのリスタイルが施せます。右の手順では、あらかじめ用意されているテンプレートを利用してこの機能の使い方を説明してます。なお、この機能は アイコンが表示されているパソコンでのみ利用できます。 アイコンが表示されていないパソコンではこの機能を利用できません。

✏️ 補足

はじめて利用したとき

リスタイル機能をはじめて利用するときは、「Microsoftアカウントが必要です」画面が表示されます。この画面が、表示されたときは、[サインイン]をクリックし、画面の指示に従ってください。

✏️ 補足

プロンプトを利用して変更する

右の手順では、あらかじめ用意されているテンプレートからリスタイルの内容を選択していますが、「適用するスタイルを…」の下のプロンプト(入力欄)に、リスタイルしたい内容を日本語入力で直接指示することもできます。テンプレートを選択すると具体例が表示されるので、それを参考に指示内容を入力することをお勧めします。

---

1 🖼️ をクリックします。

2 適用したいスタイル(ここでは[ファンタジー])をクリックすると、

3 選択したスタイルが適用されます。

4 必要に応じて画面をスクロールし、

5 [すべてのスタイルを変更]をクリックします。

185

51

 補足

リスタイルの適用範囲について

リスタイルの適用範囲は、当初は写真全体をリスタイルする［すべてのスタイルを変更］が選択されています。右の手順 6 では、背景のみをリスタイルする［バックグラウンドのみ］に変更しています。また、［前景のみ］を選択すると、背景はそのままで人物や物体のみをリスタイルします。

 補足

創造性を変更する

［創造性］は、リスタイルを行うときのオリジナリティの高さの設定です。この設定の数値を大きくする（◯を右へドラッグ）と、オリジナリティが高くなり、より創造性に富んだリスタイルが行えます。逆に数値を小さくすると（◯を左へドラッグ）、よりオリジナルに近いリスタイルが行われます。

6 ［バックグラウンドのみ］をクリックすると、

7 選択したスタイルが背景にのみ適用されます。

8 創造性の◯をドラッグすると、

9 創造性を再調整したスタイルが適用されます。

ヒント

1つ前の操作に戻る

手順 9 の画面で ⤺ をクリックすると、1つ前の状態に戻ります。また、［リセット］をクリックすると、これまで行ってきた調整／設定をすべてリセットできます。

⑤ 写真を保存する

💬 解説

編集内容を保存する

「フォト」アプリでは、編集済みの写真を別の写真として保存する「コピーとして保存」とオリジナルに上書き保存する「保存」の2種類の保存方法があります。編集前のオリジナルを残しておきたいときは、[コピーとして保存] を選択してください。なお、iPhone／iPadで撮影したHEIC形式の写真は、[コピーとして保存] のみを選択でき、上書き保存は行えません。手順1の画面で [キャンセル] をクリックすると、編集内容をすべて破棄し、写真の閲覧状態に戻ります。

| 1 | [保存オプション] をクリックし、 |
| 2 | 保存方法（ここでは [コピーとして保存]）をクリックします。 |

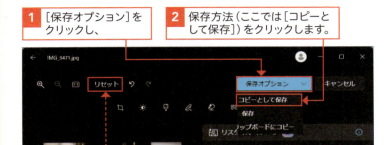

左の「補足」参照

| 3 | 保存先フォルダー（ここでは [ピクチャ]）をクリックして選択します。 |

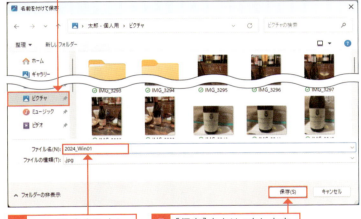

| 4 | ファイル名を入力し、 |
| 5 | [保存] をクリックします。 |

| 6 | 編集済みの写真が保存されます。 |
| 7 | ✕ をクリックすると、写真の編集画面が閉じます。 |

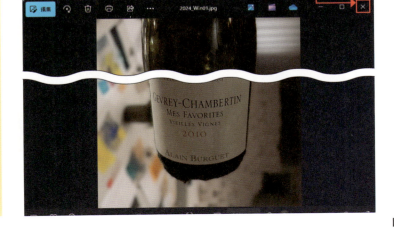

✏️ 補足

編集内容を破棄してやり直す

編集内容をすべて破棄して、写真の編集を最初からやり直したいときは、手順1の画面で [リセット] をクリックし、「画像をリセットしますか？」と表示されたら [リセット] をクリックします。

Section 52 Image Creatorで画像を作ろう

ここで学ぶこと
- Image Creator
- AI
- 画像生成

Image Creatorは、生成AIを活用した画像の生成機能です。この機能を利用すると、**生成したい画像のイメージを文字入力するだけで、AIが画像を生成**してくれます。Image Creatorは、「フォト」アプリから利用できます。

1 Image Creatorで画像を生成する

解説

Image Creatorとは

「フォト」アプリに備わっているImage Creatorは、Copilot+ PCでのみ利用できる、AIを利用した自動の画像生成機能です。この機能を利用できるパソコンにのみアイコンが表示されます。右の手順では、Image Creatorを利用して画像を生成する方法を説明しています。なお、Image Creatorをはじめて利用し、「Microsoftアカウントが必要です」と表示されたときは、[サインイン]をクリックしてください。

補足

画像は自動的に生成される

Image Creatorは、生成したい画像の指示を日本語で入力すると、その内容を読み取り、入力の途中であっても自動的に画像の作成がはじまります。また、指示内容が増えると自動更新され、生成する画像の内容もそれに沿ったものが新たに生成されていきます。

1 180ページを参考に「フォト」アプリを起動しておきます。

2 をクリックします。

3 Image Creatorが開きます。

4 プロンプトに生成したい画像のイメージを文字で入力していくと、

次ページの「補足」参照

5 自動的に画像が生成されていきます。

補足
画像の生成について

Image Creator の画像の生成中は、画面下に[生成を停止]と表示されます。画像の生成を途中で停止したいときは、これをクリックします。

創造性を調整して画像を再生成する

[創造性]の●スライドバーを右へドラッグするとオリジナリティを高く設定でき、逆に左へドラッグするとオリジナリティが減少します。また、[更新]をクリックすると、生成する画像のスタイル候補が切り替わります。これらを設定し、[生成]をクリックすると、文字による生成指示はそのままに、オリジナリティやスタイルを変更した別の画像を生成します。

ヒント
画像を保存する

生成した画像を保存したいときは、保存したい画像の上にマウスポインターを移動させ圖をクリックするか、画像内で右クリックして[保存]をクリックします。また、保存したい画像を順にクリックして選択し、画像内で右クリックして[保存]をクリックすると、選択した画像すべてを保存できます。なお、手順9の方法で画像を閲覧すると、その画像は自動的に[ピクチャ]フォルダー内にある「Image Creator」フォルダー内に自動保存されます。

---

6 指示がすべて入力され画像の生成が完了すると、

7 「↓下にスクロールしてさらに表示」と表示されます。

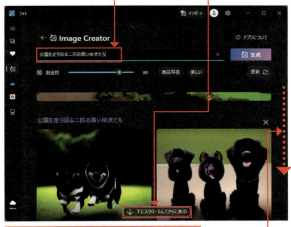

8 必要に応じて画面をスクロールし、

9 閲覧したい画像をダブルクリックします。

10 選択した画像が表示されます。

11 ✕をクリックすると、

12 Image Creator の画面に戻ります。

189

Section 53 オリジナルのビデオを作成しよう

ここで学ぶこと
・Clipchamp
・ビデオの自動作成
・AI

パソコンに取り込んだ写真やビデオから**オリジナルのビデオを作成**したいときは、**「Microsoft Clipchamp」アプリ**を利用します。同アプリは、AIを利用したビデオの自動作成機能を備え、かんたんにビデオを作成できます。

1 AIでビデオを自動作成する

解説

ビデオの自動作成

「Microsoft Clipchamp」アプリは、AIによるオリジナルビデオの作成機能を備えたビデオ編集アプリです。写真やビデオを登録するだけで自動的にオリジナルのビデオが作成できます。なお、アプリをはじめて起動したときは、名前や使用目的などをたずねる画面が表示される場合があります。この画面が表示されたときは、画面の指示に従って操作してください。

補足

Premiumプランも用意

「Microsoft Clipchamp」アプリは、ほとんどの機能を無料で利用できますが、月額1,374円（税込み）のPremiumプランにアップグレードすると、4Kビデオの編集などいくつかの付加機能を利用できます。Premiumプランは、［アップグレード］をクリックすることで申し込めます。

1 ■をクリックして、スタートメニューを表示し、

2 ［Microsoft Clipchamp］をクリックします。

3 「Clipchamp」が起動します。　左の「補足」参照

4 ［AIでビデオを作成］をクリックします。

補足
ドラッグ&ドロップでファイルを追加する

ビデオの作成に用いる写真やビデオなどのファイルは、エクスプローラーからファイルを手順6の場所にドラッグ&ドロップすることでも追加できます。

補足
追加できるファイルの形式

右の手順では写真／ビデオファイルを追加していますが、音楽ファイルを追加することもできます。追加した音楽ファイルは、BGMに利用できます（193ページの「応用技」参照）。

ヒント
追加したファイルを削除する

間違って不要なファイルを追加したときは、削除したいファイルの上にマウスポインターを移動します。🗑が表示されるのでクリックすると、そのファイルを削除できます。

---

5 ビデオのタイトルを入力し、

6 ［クリックしてメディアを...］をクリックします。

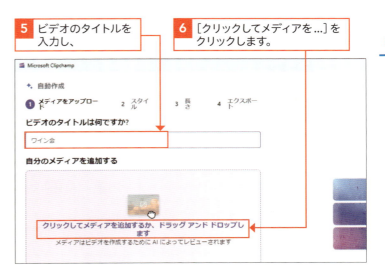

7 追加したいビデオまたは写真が保存されたフォルダー（ここでは［ビデオ］）を開き、

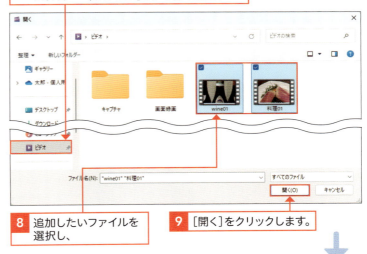

8 追加したいファイルを選択し、

9 ［開く］をクリックします。

10 写真またはビデオが追加されます。

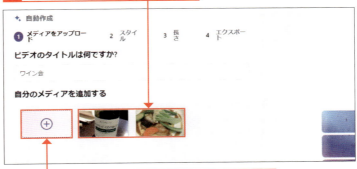

11 さらに写真またはビデオを追加したいときは⊕をクリックして手順7〜9の作業を繰り返します。

オリジナルのビデオを作成しよう

7 音楽／写真／ビデオを活用しよう

解説

スタイルの選択

スタイルの特徴は、左下の文字（「Clean」や「Stylish」など）で表現されています。また、[自動選択]をクリックするとスタイルの決定をAIに任せ、193ページ手順17に進みます。なお、👎または👍のボタンは、好みを表明するもので、👎をクリックすると別のスタイルが表示されます。👍をクリックすると、表示されているスタイルでビデオの作成が進みます。合計10回クリックすると、自動選択されて193ページ手順17に進みます。

作成手順を戻したい

ファイルの登録画面に戻りたいときは、手順14以降の画面で、[メディアをアップロード]をクリックします。また、[長さ]や[エクスポート]をクリックすると、その間の設定をスキップして手順を進めることができます。

12 追加したいビデオまたは写真をすべて登録したら、

13 [開始する]をクリックします。

14 👎または👍をクリックしてスタイルを変更します。

左の「補足」参照

左の「解説」参照

15 スタイルの選択が終わったら、

16 [次へ]をクリックします。

作成するビデオの長さについて

手順18では作成するビデオの長さの設定を行っています。[30秒未満]や[およそ1分]ではその長さのビデオが作成され、[全長]をクリックすると、写真は1枚3秒、ビデオはオリジナルほぼそのままの長さでビデオが作成されます。

音楽の追加と文字種の変更

手順20の画面で[音楽]をクリックすると、ビデオの背景で再生する音楽を選択できます。また、[フォント]をクリックすると、ビデオのタイトルなどの文字で利用するフォントの種類を選択できます。

ビデオを確認する／作り直す

手順20の画面で▶をクリックすると、作成したビデオのプレビューを行えます。また、自動作成したビデオが気にいらなかった場合、[新しいバージョンを作成します]をクリックすると、ビデオの自動作成をやり直します。

満足度評価画面が表示された

手順22で「Clipchampに対する全体的な…」という満足度評価の画面が表示されたときは、評価をするか✕をクリックし評価画面を閉じて、残りの手順を行ってください。

17 縦横比（ここでは[横長]）をクリックし、

18 動画の長さ（ここでは[およそ1分]）を選択します。

19 [次へ]をクリックします。

20 [エクスポート]をクリックすると、ファイルへの出力が開始されます。 左の「応用技」参照

左中段の「補足」参照

21 ビデオの出力が完了すると、出力したファイルが「ダウンロード」フォルダーに保存されます。

22 <ホーム>をクリックすると、190ページの手順3の画面に戻ります。

23 Microsoft Clipchampを終了したいときは✕をクリックします。

Section 54 ビデオを再生しよう

ここで学ぶこと
- ビデオの再生
- メディアプレーヤー
- 映画&テレビ

スマートフォンで撮影したビデオや「Microsoft Clipchamp」アプリで作成したビデオなどを再生するには、**ビデオ再生アプリ**を利用します。Windows 11 には、**「メディアプレーヤー」**や**「映画&テレビ」**などのアプリが用意されています。

① ビデオを再生する

解説　ビデオを再生する

「Microsoft Clipchamp」アプリで作成したビデオやスマートフォンで撮影したビデオなどは、そのファイルをエクスプローラーからダブルクリックすることであらかじめ設定されている「既定のアプリ」で再生できます。

ヒント　Windows 11のビデオ再生アプリ

Windows 11は、ビデオ再生が行えるアプリとして「フォト」アプリ、「メディアプレーヤー」アプリ、「Windows Media Legacy（Windows メディアプレーヤー従来版）」の3つを用意しています（利用環境によっては「映画&テレビ」アプリを含めた4つの場合もあり）。また、ファイルをダブルクリックしたときに利用される既定のアプリとして、通常は「メディアプレーヤー」アプリが初期設定されています。

1 エクスプローラーを起動し、

2 再生したいビデオが保存されているフォルダー（ここでは「ビデオ」フォルダー）を開きます。

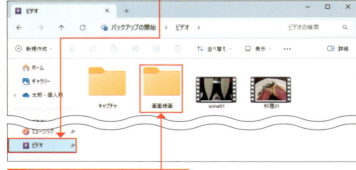

3 再生したいビデオのファイルをダブルクリックします。

4 メディアプレーヤーが起動しビデオの再生がはじまります。

5 をクリックすると、

補足

全画面で再生する

ビデオ再生中に ↗ をクリックするか、F11キーを押すと、ビデオの再生が全画面に切り替わります。再度F11キーを押すと、もとのウィンドウサイズでの再生に戻せます。なお、再生コントロールが消えたときは、再生画面内でマウスを動かすことで再表示できます。

補足

ビデオライブラリから再生する

手順8の画面で［ビデオライブラリ］をクリックすると、ビデオライブラリ内のビデオが表示されます。ビデオライブラリは、通常「ビデオ」フォルダー内にあるビデオのみです。ほかのフォルダー内のビデオも表示したいときは、［フォルダーを追加する］をクリックし、追加したいフォルダーを選択して、［ビデオにこのフォルダーを追加］をクリックします。

6 ビデオの再生が一時停止します。

7 または ← をクリックすると、 ---- 再生コントロール

8 メディアプレーヤーの「ホーム」画面が表示されます。

9 再生中のビデオのサムネイルをクリックすると、

10 ビデオの再生画面に戻ります。

54 ビデオを再生しよう

7 音楽／写真／ビデオを活用しよう

② アプリを指定してビデオを再生する

解説
再生に利用するアプリの選択

ビデオのファイルを再生するアプリは、右の手順で選択できます。なお、ビデオの再生と同時にファイルをダブルクリックしたときに起動する「既定のアプリ」も変更したいときは、下の「応用技」を参照してください。

1 エクスプローラーを起動し、

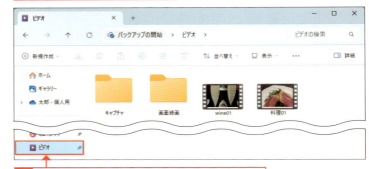

2 再生したいビデオが保存されているフォルダー（ここでは「ビデオ」フォルダー）を開きます。

3 再生したいビデオのファイルを右クリックし、

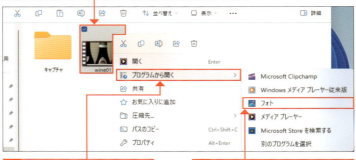

4 ［プログラムから開く］の上にマウスポインターを移動させ、

5 ビデオ再生に利用したいアプリ（ここでは［フォト］）をクリックします。

応用技
ビデオ再生に利用するアプリを変更する

ビデオのファイルをダブルクリックしたときに使用されるアプリを変更したいときは、手順**5**で［別のプログラムを選択］をクリックします。下の画面が表示されるので、再生に利用するアプリをクリックして選択し、［常に使う］をクリックします。

6 選択したアプリでビデオの再生が開始されます。

7 ⏸をクリックすると、ビデオの再生が一時停止します。

8 アプリを終了したいときは✕をクリックします。

第 8 章

AIアシスタントを活用しよう

Section 55	Copilotを使ってみよう
Section 56	文章や画像を作ってもらおう
Section 57	写真を調べて情報を得よう
Section 58	Microsoft EdgeでAIアシスタントを使おう

Section 55 Copilotを使ってみよう

ここで学ぶこと
・「Copilot」アプリ
・AIアシスタント
・AIチャット

Windows 11は、「Copilot in Windows」と呼ばれる**AIアシスタント機能**を備えています。Copilotは、自然な言葉で依頼するだけで情報検索、文章の生成や要約などの作業を手助けしてくれます。

① 「Copilot」アプリを開く

解説

Copilot in Windowsとは

Copilot（コパイロット）in Windowsは、AIを活用した支援（アシスタント）機能です。右の手順で「Copilot」アプリを起動して、AIアシスタントの機能を利用できます。

1 をクリックします。

2 「こんにちは...」という画面が表示されたときは、

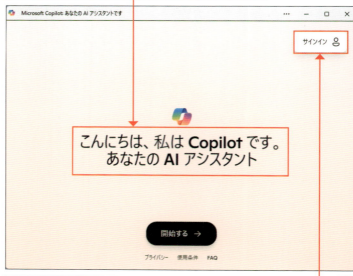

3 ［サインイン］をクリックします。

補足

「どのCopilot...」画面が表示された

「Copilot」アプリをはじめて起動したときに、手順 **2** の画面の前に「どのCopilot...」という画面が表示される場合があります。この画面が表示されたときは、［個人アカウントに切り替える］をクリックしてください。

補足

初期設定について

前ページの手順2の画面は、「Copilot」アプリをはじめて起動したときに表示され、初期設定の完了後は、表示されません。

補足

Copilotのサービスについて

マイクロソフトでは、無償提供のCopilot in WindowsやWebブラウザのMicrosoft Edgeで利用する「Edge in Copilot」、検索エンジン「Bing」でサービスされている「Microsoft Copilot」のほか、より高機能な有償サブスクリプションの製品も用意しています。有償の製品には、個人向けの「Microsoft Copilot Pro」、法人向けの「Microsoft 365 Copilot)」があります。

4 サインイン画面が表示されます。

5 「ここで使用できるアカウントが見つかりました」と表示されているときはそれをクリックします。

6 「Copilot」アプリが起動します。

💡 ヒント　サインインを行わずに利用する

Microsoftアカウントにサインインすることなく、Copilotアプリを利用したいときは、前ページの手順2の画面で[開始する]をクリックすると、呼び名の入力画面が表示されるので、呼び名を入力して↑をクリックするか、Enterを押して画面の指示に従って初期設定を行ってください。なお、サインインを行わずに利用した場合は、チャットの履歴にアクセスすることはできません。

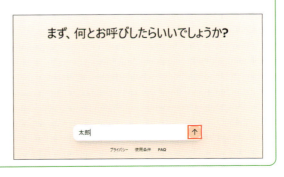

❷ 知りたいことを質問する

解説
「Copilot」アプリで情報を調べる

「Copilot」アプリでは、チャットウィンドウに「○○について教えて」や「○○って何」などのように入力することで、さまざまな情報を調べることができます。なお、文章を改行するときは、Shiftを押しながらEnterを押します。Enterのみを押すと、入力した文章が送信されます。

補足
回答文をコピーする

回答分の末尾を表示している状態で、マウスポインターを「Copilot」アプリのウィンドウ内に移動させ、🗐をクリックすると、回答文がコピーされます。コピーした回答文は、Wordやメモ帳などに貼り付けて利用できます。

補足
新しいチャットを開く

現在のチャットを破棄して新しいチャットを作成したいときは、チャットウィンドウ左の＋をクリックし、[新しいチャットを開始]をクリックします。

---

1 [Copilotへメッセージを送る]と表示されているチャットウィンドウをクリックします。

2 質問（ここでは「のどぐろとは」）を入力し、

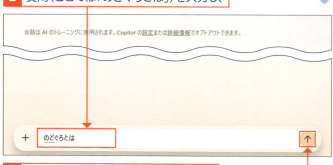

3 ↑をクリックするか、Enterを押します。

4 回答が表示されます。

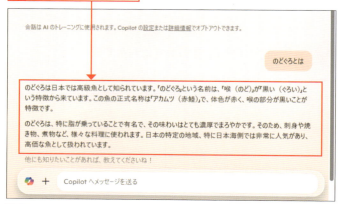

5 新しい質問をしたいときは手順**1**からの作業を繰り返します。

③ チャットの履歴を表示する

解説

チャットの履歴の表示

「Copilot」アプリでチャットの履歴にアクセスするには、Microsoft アカウントで「Copilot」アプリにログインしている必要があります。また、チャットの履歴は、質問した内容ごとに履歴が保存されているわけではありません。履歴はチャット単位で管理されており、チャット内で複数の質問をしていてもそれは1つのチャットとして管理されています。

補足

チャットの見出し

手順3で表示されるチャットの履歴は、通常、作成したチャットで最初に行った質問が見出しになっています。

補足

チャットの履歴の削除

右の手順3の画面で 🗑 をクリックすると、その履歴を削除できます。

---

1 チャットウィンドウ左の 🎨 をクリックします。

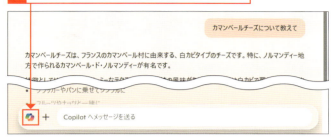

2 チャットウィンドウ左の 🕒 をクリックすると、

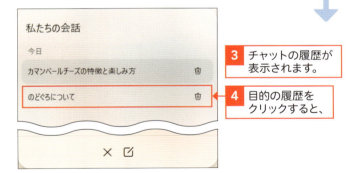

3 チャットの履歴が表示されます。

4 目的の履歴をクリックすると、

5 その履歴が表示されます。

Section 56 文章や画像を作ってもらおう

ここで学ぶこと
- 文章の生成
- 画像の生成
- 回答のコピー

「Copilot」アプリは、条件を指定して指示を出すと、**その条件に沿った文章を生成**したり、イラストなどの**画像を生成**したりもしてくれます。生成された文章や画像は、コピーや保存を行って別のアプリで利用することもできます。

1 「Copilot」アプリで文章を生成する

解説
条件の入力で文章を生成する

「Copilot」アプリは、チャットウィンドウにキーワードや背景などの条件を入力することで、目的に応じた文章を生成できます。右の手順では新しいチャットを作成し、文章の生成を行っています。新しいチャットの作成が不要な場合は、「Copilot」アプリが起動したら、手順5に進んでください。

補足
条件の入力方法について

盛り込みたい条件は、右の手順のように箇条書きで入力したり、文章を「、」で区切って入力したりできます。なお、箇条書きを行うときなど、文章を改行したいときは、Shift を押しながら Enter を押します。

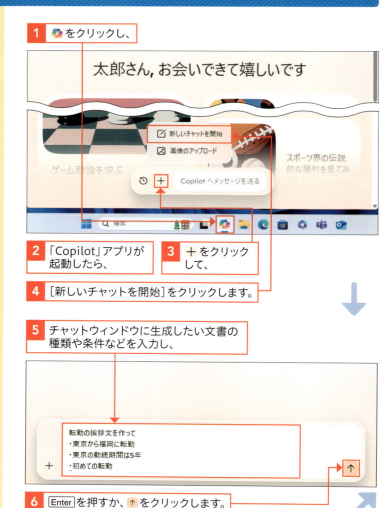

1 ● をクリックし、
2 「Copilot」アプリが起動したら、
3 ＋ をクリックして、
4 [新しいチャットを開始]をクリックします。
5 チャットウィンドウに生成したい文書の種類や条件などを入力し、
6 Enter を押すか、↑ をクリックします。

補足

Copilotで文書生成する

文章の生成は、Webブラウザーの「Microsoft Edge」からも行えます。Microsoft Edgeで文章を作成する方法については210ページを参照してください。

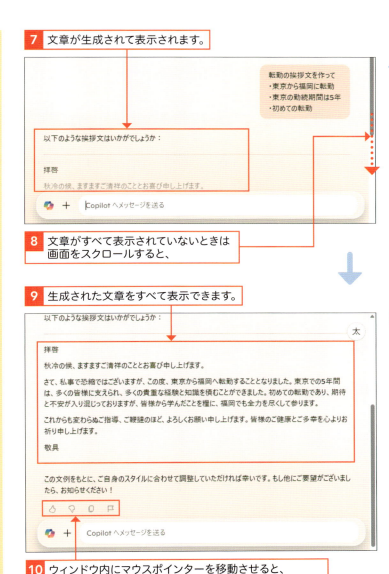

7 文章が生成されて表示されます。

8 文章がすべて表示されていないときは画面をスクロールすると、

9 生成された文章をすべて表示できます。

10 ウィンドウ内にマウスポインターを移動させると、👍 👎 📋 🚩が表示されます（下の「応用技」参照）。

✨応用技　生成された文章をコピーする

「Copilot」アプリのウィンドウ内にマウスポインターを移動させると、回答として表示された文章の最後に👍 👎 📋 🚩が表示されます。📋をクリックすると、すべての文章をコピーできます。文章の特定の部分をコピーしたいときは、コピーしたい部分をドラッグして範囲指定するとメニューが表示されるので、📋をクリックします。また、範囲指定した文章をメモ帳などのアプリにドラッグ＆ドロップすると、範囲指定した文章をコピー＆ペーストできます。

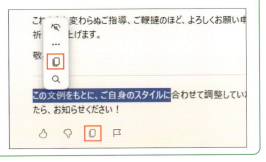

② 「Copilot」アプリで画像を生成する

🗨 解説

画像を生成する

「Copilot」アプリでは、チャットウィンドウに「〇〇の絵を描いて」などのように画像を作成したいことを表す文字列と、作成したい画像の条件などを入力することで、目的に応じた画像を生成できます。

1 🔵 をクリックし、

太郎さん, お会いできて嬉しいです

新しいチャットを開始
画像のアップロード

ゲーム理論を学ぶ

スポーツ界の伝説的な勝利を見てみ

Copilot へメッセージを送る

2 「Copilot」アプリが起動したら、

3 ＋ をクリックして、

4 ［新しいチャットを開始］をクリックします。

5 チャットウィンドウに生成したい画像や条件などを入力し、

＋　三毛猫と柴犬の絵を描いて　　　　↑

6 Enter を押すか、↑ をクリックします。

7 画像の生成がはじまります。

三毛猫と柴犬の絵を描いて

🔵　＋　Copilot へメッセージを送る

✏ 補足

条件の入力方法について

「Copilot」アプリでは、入力した条件を盛り込んで画像を生成します。盛り込みたい条件は、箇条書きで入力したり、文章を「、」で区切って入力したりできます。なお、箇条書きを行うときなど文章を改行したいときは、Shift を押しながら Enter を押します。

✨ 応用技

画像をパソコンに保存する

生成された画像は、右の手順でパソコンにダウンロードして保存できます。また、ダウンロードした画像は、通常、「ダウンロード」フォルダーに保存されています。

✏️ 補足

ダウンロードした画像を閲覧する

手順**11**の画面で、[ファイルを開く]をクリックすると、ダウンロードした画像を「フォト」アプリで閲覧できます。また、をクリックすると、ファイルをダウンロードしたフォルダーをエクスプローラーで開いて表示します。

8 画像が生成されたら、

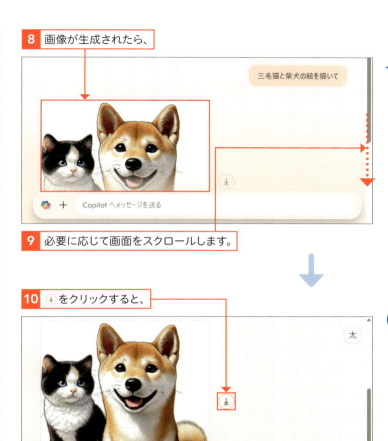

9 必要に応じて画面をスクロールします。

10 ⬇ をクリックすると、

11 生成された画像がダウンロードされます。

左の「補足」参照

Section 57 写真を調べて情報を得よう

ここで学ぶこと
- 写真の追加
- 写真の分析
- 写真を調べる

「Copilot」アプリは、スマートフォンなどで**撮影された写真を分析**し、そこに写っているモノや場所の**情報を調べる**こともできます。写真から情報を得たいときは、写真をチャットウィンドウに追加して文字で指示を出します。

1 「Copilot」アプリに写真を調べてもらう

解説
写真の内容を調べる

「Copilot」アプリは、チャットウィンドウに追加した写真を解析し、写っている物体などについて調べる機能を備えています。写真を調べたいときは、右の手順でチャットウィンドウに写真を追加し、写真に写っている物体について知りたいことを入力します。なお、追加できる写真は1枚のみで、ファイルサイズが10MB以下である必要があります。また、右の手順では新しいチャットを生成していますが、新しいチャットを作成しない場合は、「Copilot」アプリが起動したら、手順5に進んでください。

補足
追加できる写真の形式

チャットウィンドウに追加できる写真の形式は、「.gif」「.jfif」「.pjpeg」「.jpeg」「.pjp」「.jpg」「.png」「.webp」などです。PDFやdocなどのドキュメント形式のファイルは追加できません。

1 ● をクリックし、
2 「Copilot」アプリが起動したら、
3 ＋ をクリックして、
4 ［新しいチャットを開始］をクリックします。

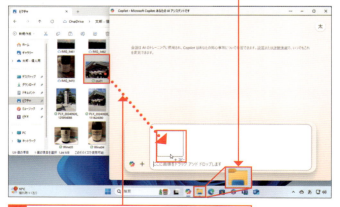

5 ■ をクリックしてエクスプローラーを起動し、
6 情報を調べたい写真をチャットウィンドウにドラッグ＆ドロップします。

写真を削除する

チャットウィンドウに間違った写真を追加したときは、追加した写真右の✕をクリックすると（手順7参照）、写真を削除できます。

見当違いの回答が表示される

写真を解析する機能は、解像度が低く判別できないといった回答が返ってくる場合や、見当違いの回答が返ってくる場合があります。この機能を利用するときは、解像度が高く、調べたいものがはっきり写った写真、また情報をできるだけ多く付加している写真を選ぶことをお勧めします。

7 チャットウィンドウに写真が追加されます。

左の「補足」参照

8 実行したい作業内容（ここでは「写真の場所について教えて」）を入力し、

9 [Enter]を押すか、↑ をクリックします。

10 しばらくすると回答が表示されます。

補足 ［画像のアップロード］から写真を追加する

チャットウィンドウへの写真の追加は、＋ →［画像のアップロード］の順にクリックし、「開く」画面からアップロードしたい写真を選択することでも行えます。なお、「開く」画面でファイルがまったく表示されないときは、画面右下の［カスタムファイル］をクリックして［すべてのファイル］に変更してください。

Section 58　Microsoft EdgeでAIアシスタントを使おう

ここで学ぶこと
- Microsoft Edge
- 文章／画像の生成
- コンテンツの要約

Microsoft Edgeには、マイクロソフトのAIアシスタントである**「Copilot」の機能が統合**されています。この機能を利用すると、Microsoft Edgeで**文書／画像の生成**や、Webページ、PDFなどのコンテンツの要約などが行えます。

① Microsoft EdgeでCopilotを利用する

解説

[Copilot]ペインについて

Microsoft Edgeの をクリックすると、[Copilot]ペインが開きます。[Copilot]ペインでは、 をクリックすると表示される「Copilot」アプリとほぼ同等の機能を利用できます。

補足

BingのAIアシスタントを利用する

検索サイト「Bing」のAIアシスタント機能は、WebブラウザーでBingのトップページ（https://www.bing.com）を開き、[Copilot]をクリックすることで利用できます。また、タスクバーの検索ボックスをクリックして をクリックすると、BingのCopilotのページがMicrosoft Edgeで開けます。

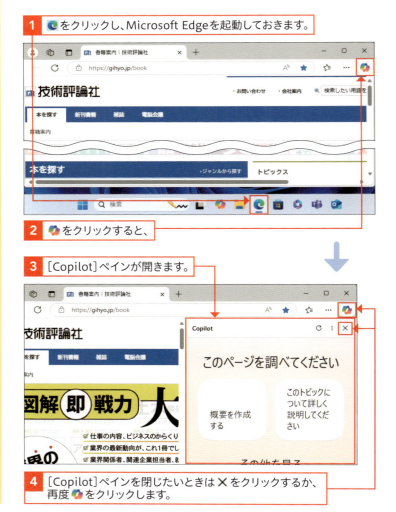

1　 をクリックし、Microsoft Edgeを起動しておきます。

2　 をクリックすると、

3　[Copilot]ペインが開きます。

4　[Copilot]ペインを閉じたいときは×をクリックするか、再度 をクリックします。

② Microsoft Edgeで知りたいことを質問する

💬 解説

[Copilot] ペインで情報を調べる

Microsoft Edgeの[Copilot]ペインの使い方は、「Copilot」アプリと同じです（198ページ参照）。情報を調べたいときは、チャットウィンドウに「○○について教えて」や「○○って何」などのように調べたい事柄を入力します。

✨ 応用技

回答文をコピーする

[Copilot]ペインに表示された回答内にマウスポインターを移動させると、👍 👎 📋 🚩 が表示されます。📋をクリックすると回答の文章などをコピーできます。

✏️ 補足

新しいチャットを開始する

新しいチャットを開始したいときは、＋をクリックして、[新しいチャットを開始]をクリックします。

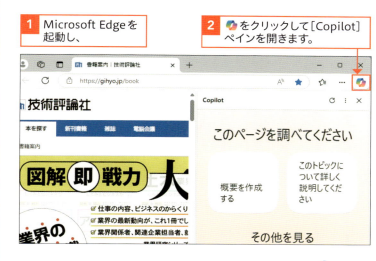

1 Microsoft Edgeを起動し、

2 　をクリックして[Copilot]ペインを開きます。

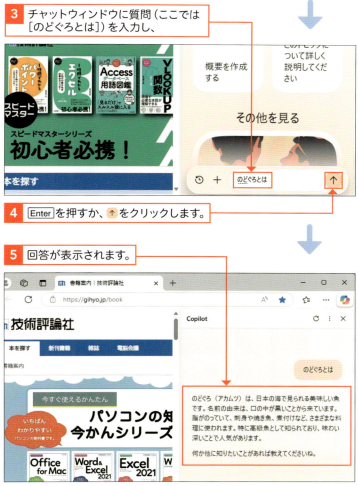

3 チャットウィンドウに質問（ここでは[のどぐろとは]）を入力し、

4 Enterを押すか、↑をクリックします。

5 回答が表示されます。

③ Microsoft Edgeで文章を生成する

💬 解説

[Copilot]ペインで文章を生成

Microsoft Edgeの[Copilot]ペインで文章を生成するときは、チャットウィンドウに生成したい文章の種類や条件などを入力することで、目的に応じた文章を生成できます。

✨ 応用技

生成した文章をコピーする

「Copilot」ペイン内にマウスポインターを移動させると、回答として表示された文章の最後に 👍 👎 📋 ⚑ が表示されます。📋をクリックすると、すべての文章をコピーできます。また、文章の特定の部分をコピーしたいときは、コピーしたい部分をドラッグして範囲指定し、右クリックして、[コピー]をクリックします。

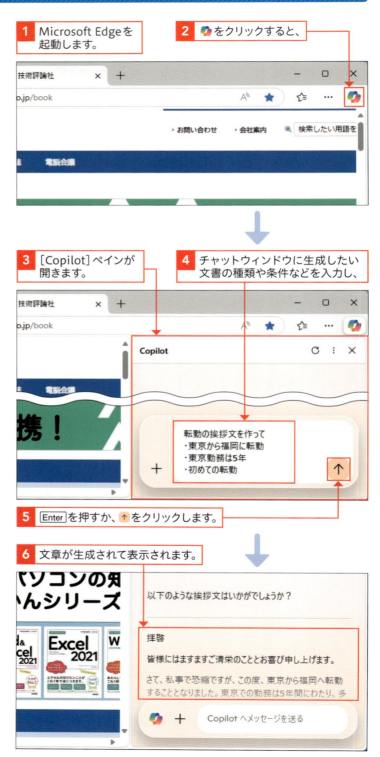

④ Microsoft Edgeで画像を生成する

解説

画像を生成する

Microsoft Edgeの[Copilot]ペインで画像を生成したいときは、右の手順を参考にチャットウィンドウに「〇〇の絵を描いて」などのように作成したい画像の条件などを文字で入力します。この手順は、「Copilot」アプリで画像を生成するときと同じです（204ページ参照）。

応用技

画像を保存する

生成された画像を保存したいときは、画像右横に表示されている ⬇ をクリックすると、生成された画像が通常、「ダウンロード」フォルダー内に保存されます。

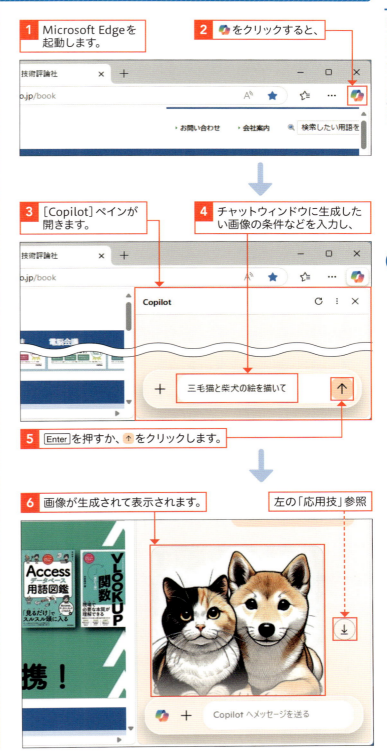

1 Microsoft Edgeを起動します。
2 🌀 をクリックすると、
3 [Copilot]ペインが開きます。
4 チャットウィンドウに生成したい画像の条件などを入力し、
5 Enter を押すか、↑ をクリックします。
6 画像が生成されて表示されます。

左の「応用技」参照

⑤ Microsoft Edgeで写真を調べて情報を得る

🗨 解説

写真の内容を調べる

Microsoft Edgeの[Copilot]ペインでは、チャットウィンドウに追加した写真を解析し、写っている物体などについて調べることができます。写真を調べたいときは、右の手順でチャットウィンドウに写真を追加し、写真に写っている物体について知りたいことを入力します。なお、追加できる写真は1枚のみで、ファイルサイズが10MB以下である必要があります。

1 Microsoft Edgeを起動します。
2 をクリックすると、
3 [Copilot]ペインが開きます。
右ページ下の「補足」参照

 補足

「画像のアップロード」から写真を追加する

チャットウィンドウへの写真の追加は、＋→[画像のアップロード]の順にクリックすることでも行えます。「開く」画面が表示されるので、アップロードしたい写真を選択して[開く]をクリックします。

4 をクリックしてエクスプローラーを起動し、
5 情報を調べたい写真をチャットウィンドウにドラッグ＆ドロップします。

補足 写真を削除する

チャットウィンドウに追加した写真を削除したいときは、追加した写真の右上の×をクリックします。

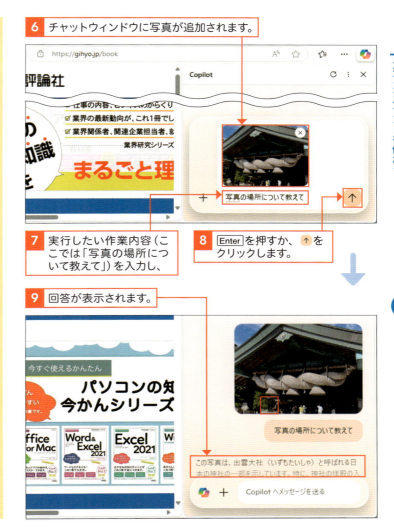

6 チャットウィンドウに写真が追加されます。

7 実行したい作業内容（ここでは「写真の場所について教えて」）を入力し、

8 Enter を押すか、↑ をクリックします。

9 回答が表示されます。

補足 履歴を表示する

Microsoft Edgeの［Copilot］ペインは、チャットの履歴を保存しています。チャットの履歴を表示したいときは、チャットウィンドウの 🔵 をクリックしてホームに戻り、🕙 をクリックします。履歴がリスト表示されるので、表示したいチャットをクリックすると、そのチャットが表示されます。

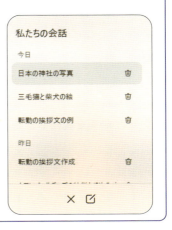

⑥ Microsoft Edgeでコンテンツを要約する

解説

コンテンツを要約する

Microsoft Edgeの［Copilot］ペインは、右の手順で閲覧中のコンテンツ（WebページやPDFの文書ファイルなど）の要約を生成できます。右の手順では、［Copilot］ペインを開いてから作業を行っていますが、要約したいWebページを表示後に［Copilot］ペインを開いても問題はありません。なお、手順4のあとで「CopilotでWebを移動する」ウィンドウが画面下部に表示された場合は、［続行］をクリックしてください。

応用技

PDFや動画を要約する

右の手順では例としてWebページの要約を生成していますが、PDFの文書ファイルやYouTubeの動画などのコンテンツも要約できます。

---

1 Microsoft Edgeを起動して要約したいWebページを開いておきます。

2 をクリックして［Copilot］ペインを開きます。

3 チャットウィンドウに「このWebページを要約して」など、実行したい作業を入力し、

4 Enter を押すか、↑ をクリックします。

5 閲覧中のWebページの要約が表示されます。

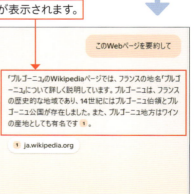

第 **9** 章

Windows 11を
もっと使いこなそう

Section 59	「Microsoft Store」アプリを利用しよう
Section 60	ウィジェットを活用しよう
Section 61	パソコンの画面を撮影しよう
Section 62	画像の文字をテキスト化しよう
Section 63	キーボードショートカットを活用しよう
Section 64	クリップボードの履歴を活用しよう
Section 65	プリンターで印刷しよう
Section 66	音声入力を行おう
Section 67	文字やアプリの表示サイズを大きくしよう
Section 68	マウスポインターの色や大きさを変更しよう
Section 69	デスクトップのデザインを変更しよう
Section 70	Bluetooth機器を接続しよう

Section 59 「Microsoft Store」アプリを利用しよう

ここで学ぶこと
- Microsoft Store
- アプリのインストール
- アプリの更新

「Microsoft Store」アプリを利用すると、Windows 11 で利用できるアプリやゲームを**インストール**したり、マイクロソフト製品をオンラインで**購入**したりできます。また、映画やドラマの**レンタルや購入**なども行えます。

1 「Microsoft Store」アプリを起動する

解説
「Microsoft Store」アプリの起動

アプリをインストールしたり、ゲームをインストールしたいときは、「Microsoft Store」アプリを利用します。「Microsoft Store」アプリは、タスクバーの をクリックすることで起動します。また、アプリには有料または無料のものがあり、有料アプリの購入には、Microsoft アカウントが必要になるほか、支払い方法の登録が必要になります。

1 タスクバーの をクリックすると、

2 「Microsoft Store」アプリが起動します。

② アプリをインストールする

🗨 解説

アプリのインストール

インストールとは、アプリなどのソフトウェアをパソコンに導入し、使用可能な状態にする作業を指します。また、同様の作業を「セットアップ」と呼ぶこともあります。「Microsoft Store」アプリを利用したアプリのインストールは、インストールしたいアプリを検索などで探し、[入手]または[インストール]をクリックします。右の手順では、Appleの「iTunes」を例にアプリのインストール方法を説明しています。

1 216ページの手順で「Microsoft Store」アプリを起動します。

2 検索ボックスに検索キーワード（ここでは[iTunes]）を入力して、

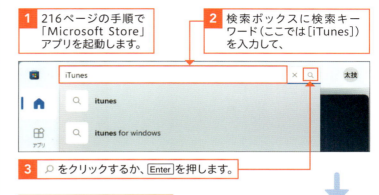

3 🔍 をクリックするか、Enterを押します。

4 検索結果が表示されます。

5 [iTunes]をクリックします。

6 [入手]または[インストール]をクリックすると、アプリのインストールが行われます。

アプリは複数のパソコンで利用可能

「Microsoft Store」で購入／入手したアプリは、同じMicrosoftアカウントで利用している最大10台のパソコンにインストールできます。

7 アプリのインストールが完了すると、[入手]が[開く]に変わります。

8 ✕ をクリックして「Microsoft Store」アプリを終了します。

9 ■をクリックし、

10 [すべて]をクリックします。

11 インストールしたアプリがスタートメニューに登録されています。

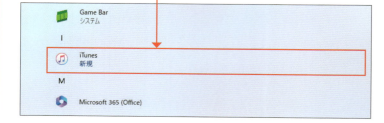

③ アプリをアップデートする

💬 解説

アプリの更新

既存のアプリに対して、小幅な改良や修正を加えて新しいアプリに更新することを「更新（アップデート）」と呼びます。Microsoft Storeで購入／入手したアプリは、通常、自動的にアップデートが実施されますが、右の手順で手動アップデートを行えます。

1 ■をクリックして「Microsoft Store」アプリを起動し、

2 ［ライブラリ］をクリックします。

3 ［更新プログラムを取得する］をクリックします。

4 更新プログラムがあるときはアプリの更新が実行されます。

④ アプリをアンインストールする

解説

アプリをアンインストールする

アンインストールとは、アプリなどのソフトウェアをパソコンから削除する作業を指します。アンインストールを行うと、アプリ内のデータも削除されます。アプリのアンインストールは、右の手順で行います。

1 ■をクリックし、

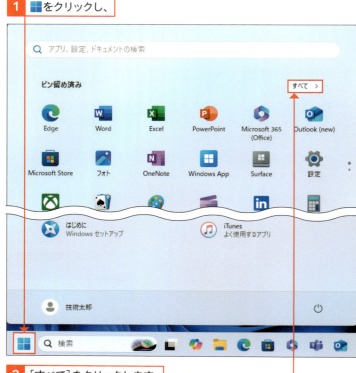

2 [すべて]をクリックします。

3 アンインストールしたいアプリ（ここでは[iTunes]）を右クリックします。

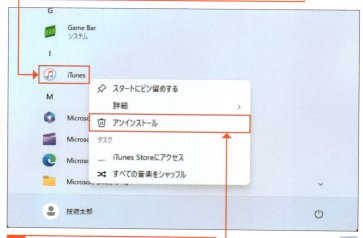

4 [アンインストール]をクリックします。

補足

アンインストールできないアプリ

Windows 11では標準で備わっている一部のアプリをアンインストールできません。アンインストールできないアプリは、右の手順でメニューに[アンインストール]が表示されません。

補足

「設定」から
アンインストールする

アプリのアンインストールは、「設定」からも行えます。「設定」からアンインストールするときは、「設定」を開き、［アプリ］→［インストールされているアプリ］とクリックし、アンインストールしたいアプリの … をクリックして、［アンインストール］をクリックします。

5 ダイアログボックスが表示されるので、［アンインストール］をクリックします。

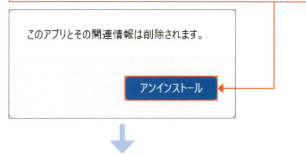

6 アプリ（ここでは［iTunes］）がアンインストールされました。

 ヒント アンイストールしたアプリの再インストール方法

Microsoft Storeで購入／入手したアプリは、アンインストールを行ってもいつでも再インストールできます。再インストールは、「Microsoft Store」アプリから行います。「Microsoft Store」アプリを起動し、［ライブラリ］をクリックし、再インストールしたいアプリの ☁ をクリックするとアプリの再インストールが行われます。

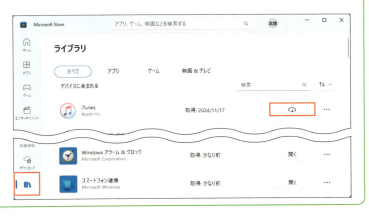

Section 60 ウィジェットを活用しよう

ここで学ぶこと
・ウィジェット
・ウィジェットボード
・ウィジェットの追加

ウィジェットは、お気に入りの情報をひと目ですばやく確認できるように用意された機能です。ウィジェットはウィジェットボードに表示され、表示したい情報のウィジェットの追加や削除は、かんたんに行えます。

1 ウィジェットを表示する

解説

ウィジェットの表示

ウィジェットを利用すると、お気に入りの情報をすばやく確認できます。ウィジェットを表示するには、タスクバー左端にあるウィジェットのアイコンをクリックします。また、タッチパネルを備えたパソコンは、画面の左外側から内側にスライドすることでもウィジェットボードを表示できます。

ショートカットキー

ショートカットキーでウィジェットを表示

ウィジェットボードは、ショートカットキーでも表示できます。ショートカットキーで表示したいときは、⊞を押しながら、Wを押します。

1 タスクバー左端にあるウィジェットのアイコンをクリックすると、

2 ウィジェットボードが表示されます。

3 ウィジェットボード以外の場所をクリックすると、

4 ウィジェットボードが閉じます。

② アプリのウィジェットを追加する

解説

アプリのウィジェットの追加

ウィジェットボードには、あらかじめ用意されているアプリのウィジェットまたは、Microsoft Storeで配布されているアプリのウィジェットを追加できます。また、右の手順3の画面で［その他のウィジェットを検索する］をクリックすると、Microsoft Storeで配布されているウィジェットを追加できます。

1 ウィジェットボードを表示し、　2 ＋をクリックします。

3 「ウィジェットをピン留めする」画面が表示されます。

4 ピン留めしたいアプリ（ここでは［カレンダー］）をクリックして選択し、

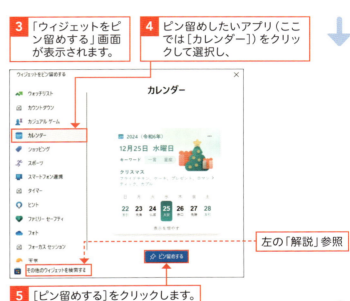

左の「解説」参照

5 ［ピン留めする］をクリックします。

6 選択したアプリのウィジェットがピン留めされます。

補足

ウィジェットを削除する

表示中のウィジェットを削除または非表示にしたいときは、をクリックして［ウィジェットのピン留めを外す］または［このウィジェットを非表示に］をクリックします。

Section 61 パソコンの画面を撮影しよう

ここで学ぶこと
・Snipping Tool
・スクリーンショット
・動画保存

Snipping Toolを利用すると、パソコンの画面全体やアプリの**スクリーンショット**を**保存**したり、操作を**動画として録画**したりできます。保存した画面や動画は、資料作成やトラブル発生時の状況報告など、さまざまな用途で利用できます。

① アプリのスクリーンショットを保存する

解説
スクリーンショットを撮る

PrintScreen を押すとSnipping Toolが起動し、スクリーンショットを撮ることができます。撮影方法には、選択ウィンドウを切り取る「ウィンドウモード」、指定範囲を切り取る「四角形モード」と「フリーフォームモード」、画面全体を切り取る「全画面モード」の4つのモードがあります。右の手順では、選択したウィンドウを切り取る方法を紹介しています。なお PrintScreen は PrtScn や PrtSc などと印字されていることもあります。

補足
Snipping Toolが起動しない

PrintScreen を押してもSnipping Toolが起動しないときは、［設定］→［アクセシビリティ］→［キーボード］の順にクリックし、［PrintScreen キーを使用して画面キャプチャを開く］の設定を［オン］にします。

1 PrintScreen を押すと、

2 Snipping Toolが起動して画面が暗転します。

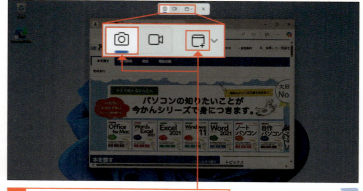

3 と が選択されていることを確認し、

応用技

撮影方法を変更する

ここでは、選択したウィンドウのスクリーンショットを撮影していますが、撮影方法を変更したいときは、手順2の画面で □ をクリックし、メニューが表示されたら、[四角形] [ウィンドウ] [全画面表示] [フリーフォーム] の中から撮影方法を選択します。

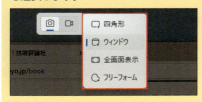

補足

撮影をキャンセルする

手順4で ✕ をクリックすると、スクリーンショットの保存をキャンセルできます。

補足

スクリーンショットの保存先

撮影したスクリーンショットは、「ピクチャ」フォルダー内にある「スクリーンショット」フォルダーに「スクリーンショット+撮影日時」のファイル名で自動保存されます。

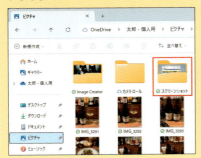

---

4 切り取りたいウィンドウ（ここでは「Microsoft Edge」）の上にマウスポインターを置くと、

5 切り取り対象ウィンドウがハイライト表示に切り替わるのでクリックします。

6 スクリーンショットが保存され、通知が表示されます。

7 保存したスクリーンショットを確認したいときは、通知をクリックします。

8 Snipping Toolで保存されたスクリーンショットが表示されます。

---

61 パソコンの画面を撮影しよう

9 Windows 11をもっと使いこなそう

225

❷ 指定範囲をスクリーンショットとして切り取る

💬 解説

範囲指定して撮影する

パソコンの画面内の任意の場所を切り取りたいときは、🖥の「四角形モード」または◌「フリーフォームモード」を利用します。四角形モードは、切り取り範囲を四角形で囲って選択します。フリーフォームモードは、自由な形で切り取り範囲を選択できます。右の手順では、四角形モードで切り取る手順を説明しています。

1 [PrintScreen]を押すと、

2 Snipping Toolが起動して画面が暗転します。

3 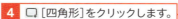 をクリックします。

4 🖥[四角形]をクリックします。

5 キャプチャしたい範囲をドラッグして指定し、

6 マウスの左ボタンから指を離すと、

✏️ 補足

「スタート」画面から Snipping Toolを起動する

Snipping Toolは■をクリックして、「スタート」を表示してピン留め済みから起動できます。また、ピン留め済みにSnipping Toolがない場合は、[すべて]をクリックすると、インスールされているすべてのアプリが一覧表示されるので、その中からSnipping Toolを探して起動します。

補足

マウスから指を離すと切り取る

「四角形モード」または「フリーハンドモード」ではドラッグ操作で切り取り範囲を指定し、マウスの左クリックボタンから指を離した瞬間に指定範囲が静止画として保存されます。

7 スクリーンショットが保存され、通知が表示されます。

応用技 タイマーを使ってスクリーンショットを撮影する

Snipping Toolには、タイマー機能が備わっています。この機能を利用すると、操作開始から3秒／5秒／10秒のいずれかが経過したあとにスクリーンショットを撮影できます。タイマーを利用した撮影は以下の手順で行います。

1 ■をクリックし、

2 必要に応じて画面をスクロールし、

3 [Snipping Tool]をクリックします。

4 ⏲〜をクリックし、

5 遅延時間を選択します。

6 [+新規]をクリックします。

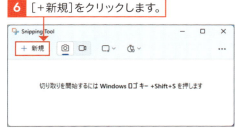

7 手順5で選択した遅延時間が経過すると画面が暗転するので、

8 スクリーンショットを撮影します。

③ 指定範囲を動画に保存する

💬 解説

画面を動画に保存する

Snipping Toolは、画面を切り取って静止画を保存できるだけでなく、動画で保存することもできます。動画で保存するときは、右の手順で[録画]モードに変更し、録画したい画面の範囲を選択して録画を開始します。

1 PrintScreen を押すと、

2 Snipping Toolが起動して画面が暗転します。

3 をクリックします。

4 キャプチャしたい場所をドラッグして範囲指定します。

5 音声を録音する場合は をクリックして にします。

6 [スタート]をクリックします。

✏️ 補足

音声の録音について

音声付きの動画を保存したいときは、必ず、マイクのミュートがオフになっていることを確認してから録画を開始してください。なお、マイクのミュートのオン/オフは、録画中に切り替えることもできます。

カウントダウンについて

Snipping Toolを利用した画面録画は、すぐに録画が開始されるわけではありません。手順6のあとにカウントダウンが実施され、録画がスタートします。

録画をキャンセルしたい

手順8の画面で🗑をクリックすると、録画したデータを破棄し、録画をキャンセルできます。

録画データの保存先

録画したデータは、「画面録画フォルダー」に自動保存されます。画面録画フォルダーは、手順9の画面で、…をクリックし[画面録画フォルダーを開く]をクリックすることで開けます。また、エクスプローラーで「ビデオ」フォルダー内にある「画面録画」フォルダーを開くことでも「画面録画フォルダー」を開けます。

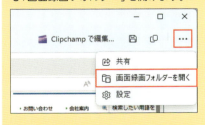

録画データを再生する

手順9の画面で▶をクリックすると、録画したデータの内容を再生して確認できます。

---

7 3、2、1のカウントダウン後、録画がスタートします。

8 録画を完了したいときは、⏹をクリックします。

9 録画した動画がSnipping Toolに表示されます。

左下段の「ヒント」参照

Section 62 画像の文字をテキスト化しよう

ここで学ぶこと
- Snipping Tool
- テキストアクション
- OCR

Snipping Toolは、**「テキストアクション」**というOCR機能を備えています。この機能を利用すると、スクリーンショットや写真に撮影された**文字をデータとして抜き出し**、ほかのアプリで活用できます。

① 画像の文字を読み取ってテキスト化する

解説 テキストアクションとは

テキストアクションは、Snipping Toolに備わっているOCR機能(光学文字認識機能)です。この機能を利用すると、スマートフォンなどで撮影した写真内の文字や、スクリーンショットに表示されている文字情報をパソコンに保存したり、アプリに貼り付けたりできます。ここでは、Snipping Toolで写真から文字情報をコピーする手順を説明しています。

補足 読み込めるファイル形式

Snipping Toolは、「.BMP」「.JPG／JPEG」「.PNG」「.TIF／TIFF」「.ICO」「.GIF」などのメジャーな画像ファイルの形式に読み込み対応しているほか、ソニーやキヤノン、ニコン、ライカ、ペンタックス、サムスンなどのデジタルカメラのRAWファイルの読み込みにも対応しています。

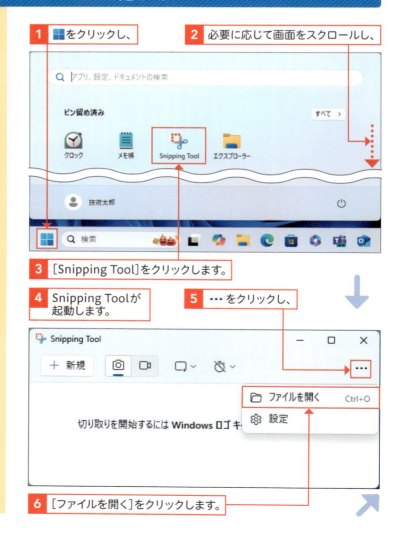

1 ⊞をクリックし、
2 必要に応じて画面をスクロールし、
3 [Snipping Tool]をクリックします。
4 Snipping Toolが起動します。
5 …をクリックし、
6 [ファイルを開く]をクリックします。

応用技
ファイルの読み込み方法について

Snipping Toolへの画像ファイルの読み込みは、読み込みたい画像ファイルを右クリックし、[プログラムから開く]→[Snipping Tool]をクリックすることでも行えます。また、Snipping Toolのウィンドウに画像ファイルをドラッグ＆ドロップしても読み込めます。

補足
文字情報をほかのアプリで利用する

手順でコピーした文字情報は、メモ帳などのほかのアプリに貼り付けて利用できます。アプリへの貼り付けは、Ctrlを押しながらVを押すことで行えるほか、クリップボード（234ページ参照）を利用することでも行えます。

7 読み込みたいファイルを選択し、

8 [開く]をクリックします。

9 Snipping Toolに選択したファイルが読み込まれます。

10 をクリックします。

11 テキスト（文字情報）として認識された部分が白背景で表示されます。

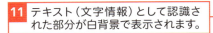

12 [すべてのテキストをコピーする]をクリックすると、認識されたテキストをコピーできます。

Section 63 キーボードショートカットを活用しよう

ここで学ぶこと
- キーボードショートカット
- 操作の簡略
- 操作効率化

キーボードショートカットを利用すると、マウスやトラックパッドなどを利用しなくてもパソコンを操作できます。これによって**操作手順を短縮**し、**効率的に作業を進める**ことができます。

① 文字情報をコピー＆ペーストする

💬 解説

キーボードショートカットとは

キーボードショートカットは、パソコンの操作手順を短縮できるキーボード操作です。キーを組み合わせて押すことでメニュー画面を表示することなく、特定の操作が行えます。右の手順では、利用頻度が非常に高いコピーとペーストの方法を例に、キーボードショートカットの使い方を説明しています。

✏️ 補足

範囲指定の方法について

右の手順ではマウスでドラッグしてコピーしたい範囲選択を行っていますが、アプリによっては、範囲指定を開始したい位置でクリックし、[Shift]を押しながら[↑][↓][→][←]を押すことで、範囲を広げたり縮めたりできます。また、最初にマウスで範囲の一部を指定し、[Shift]を押しながら[↑][↓][→][←]を使用して、指定範囲をさらに拡張または調整することもできます。

1 Microsoft Edgeを起動し、Webページを開いておきます。

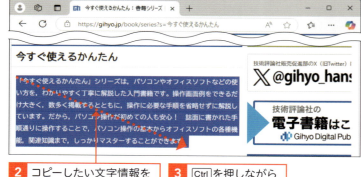

2 コピーしたい文字情報をドラッグして選択し、

3 [Ctrl]を押しながら[C]を押します。

4 文字情報を貼り付けたいアプリ（ここでは「メモ帳」）を起動し、

5 文字入力ができる状態かどうかを確認し（入力できない状態の場合はクリック）、

6 [Ctrl]を押しながら[V]を押すと、

補足 キーボードショートカットの一覧

キーボードショートカットは、右の手順で紹介した文字情報のコピーとペースト、操作の取り消しの3つだけでなく、非常に多くのものがあります。代表的なのキーボードショートカットを312ページで紹介しているので、参考にしてください。

7 手順**2**で範囲指定した文字情報が、アプリにコピーされます。

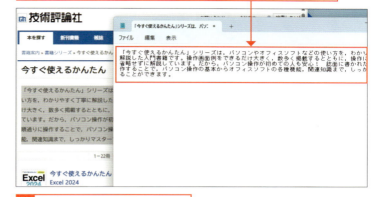

8 Ctrlを押しながらZを押すと、

9 コピーした文字情報が破棄され、文字情報のコピー前に戻ります。

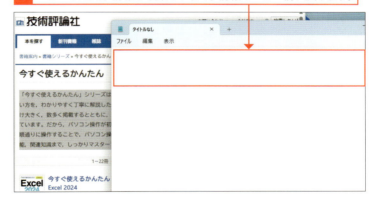

補足 エクスプローラーや「設定」を開く

キーボードショートカットは、タスクバーのアイコンをクリックすることなくエクスプローラーを起動したり、「スタート」を開くことなく「設定」を開いたりすることもできます。エクスプローラーを起動するときは、■を押しながらEを押します。また、「設定」は■を押しながらIを押します。■を押しながらLを押すと、ロック画面を表示します。

操作	内容
Ctrl + A	全選択
Ctrl + C	コピー
Ctrl + X	切り取り
Ctrl + V	貼り付け
Ctrl + Z	操作を取り消し1つ前（直前）の状態に戻す

操作	内容
■ + A	クリック設定を開く
■ + E	エクスプローラーの起動
■ + I	「設定」の表示
■ + L	画面をロックする
■ + N	通知センターを開く
■ + Z	スナップレイアウトを表示する

Section 64 クリップボードの履歴を活用しよう

ここで学ぶこと
・クリップボード
・履歴
・コピー＆ペースト

「クリップボードの履歴」を利用すると、アプリに表示されている文字や画像などを**コピー**したり、**切り取った**りしたときの**情報を再利用**できます。この機能は、同じ情報を何度も利用したいときに活用できます。

1 「クリップボードの履歴」をオンにする

解説
クリップボードの履歴とは

Windows 11では、アプリに表示されている文字や画像などをコピーしたり、切り取ったりしたときの情報を、クリップボードと呼ばれる領域に保存しています。このクリップボードの履歴は表示することができ、再利用できます。通常、Windows 11を再起動するまで保持されています。

1 ⊞を押しながらⅤを押すと、

2 クリップボードの履歴が表示されます。

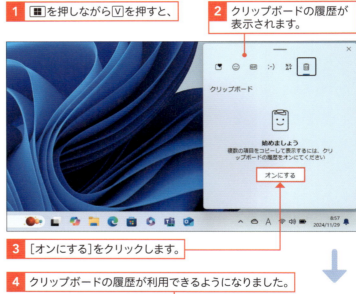

3 ［オンにする］をクリックします。

4 クリップボードの履歴が利用できるようになりました。

補足
はじめてクリップボードの履歴を表示したとき

クリップボードの履歴は通常、「オフ」に設定されています。はじめて利用するときに、手順2の画面が表示され、この機能を「オン」にできます。

② 「クリップボードの履歴」を利用する

補足

クリップボードの履歴の最大保存件数

クリップボードの履歴には、最大25件の履歴が保存され、25件を超える場合は、古い項目から順に削除されます。

応用技

履歴をピン留めする

手順3の画面で履歴の ☆ をクリックして ★ にすると、その履歴をピン留めできます。ピン留めされた履歴は、Windows 11を再起動してもクリアされません。利用頻度の高い履歴は、ピン留めしておくと便利です。

補足

履歴を削除する

不要な履歴を削除したいときは、手順3の画面で … をクリックして 🗑 ［削除］をクリックします。また、［すべてクリア］をクリックすると、履歴を一括削除できます。

1 クリップボードの履歴を利用したいアプリ（ここでは「メモ帳」）を起動して編集状態にしておきます。

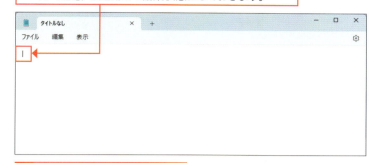

2 ⊞ を押しながら Ⓥ を押すと、

3 クリップボードの履歴が表示されます。

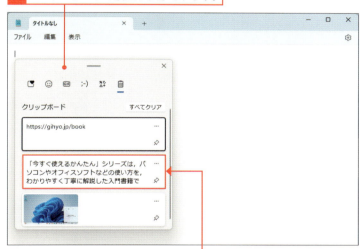

4 貼り付けたい情報をクリックすると、

5 その情報がアプリに貼り付けられます。

Section 65 プリンターで印刷しよう

ここで学ぶこと
- 印刷
- 「印刷」画面
- 印刷設定

プリンターの印刷は、アプリから印刷画面を表示して行います。印刷画面は、通常、「ファイル」タブやツールバーなどに用意されている[印刷]やプリンターのアイコンをクリックすることで表示できます。

1 アプリから印刷する

解説
印刷を行うには

印刷は、どのアプリを使用してもほぼ同じ操作で実行できます。最初に印刷画面を表示し、印刷枚数などの印刷に必要な設定を行って、印刷を実行します。ここでは、Microsoft Edgeで閲覧中のWebページを印刷する手順を説明します。なお、印刷を行うには、プリンターが必要となるほか、プリンターの設定も必要になります。プリンターの設定などについては付属の取り扱い説明書等で確認してください。

補足
キーボードショートカットで印刷画面を表示する

印刷画面は、Ctrlを押しながらPを押すことで表示されます。この操作方法は、通常、どのアプリからでも利用できる共通のキーボードショートカットとして活用されています。

1 アプリ（ここでは「Microsoft Edge」）で印刷したい情報（ここでは「Webページ」）を表示しておきます。

2 印刷画面を表示します。ここでは … をクリックし、

3 [印刷]をクリックします。

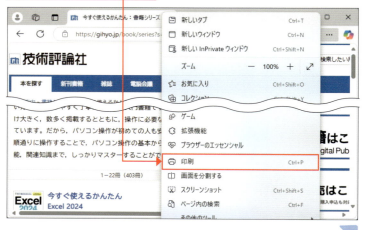

補足

印刷画面について

手順4の印刷画面は、利用しているプリンターによって異なる場合があります。画面が異なる場合は、プリンター付属の取り扱い説明書で使い方を確認してください。

4 印刷に利用するプリンターを確認し、

5 印刷部数を設定します。

6 レイアウトを設定します。

7 画面をスクロールして、

8 印刷するページ（ここでは［すべて］）を選択し、

9 必要に応じて「カラー印刷」や「両面印刷」を設定し、

10 ［印刷］をクリックすると、プリンターで印刷が開始されます。

補足

プレビューで仕上がりを確認する

印刷画面の右側には、印刷のプレビューが表示され、実際の仕上がりを確認できます。

65 プリンターで印刷しよう

9 Windows 11をもっと使いこなそう

 用紙サイズなどの詳細設定を行う

手順4の画面をさらにスクロールさせて［その他の設定］をクリックすると、用紙サイズや拡大／縮小印刷の設定を行えます。

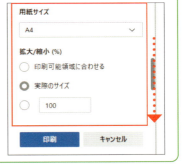

237

Section 66 音声入力を行おう

ここで学ぶこと
- 音声入力
- 日本語入力
- 音声入力起動ツール

Windows 11は、**音声を使って日本語を入力する機能**を備えています。この機能を利用すると、タイピングが苦手な人でも話すことによって、かんたんにメールの文章やドキュメントのテキストを入力できます。

1 文章を音声で入力する

解説

音声で入力する

Windows 11で音声入力を行うには、右の手順で音声入力のオン／オフの制御を行うウィンドウを表示します。また、音声入力で句読点を入力したり、改行を行うには、決められた音声コマンドで話す必要があります。音声コマンドについては、手順4の画面の⑦をクリックして詳細情報を確認してください。

補足

はじめて音声入力を行った場合

はじめて音声入力のウィンドウを表示したときは、手順4で「Microsoftの音声認識サービス」画面が表示される場合があります。この画面が表示されたときは、🎤をクリックして音声入力をオンにしてください。また、音声クリップの提供を求める画面が表示されたときは、[はい]または[いいえ]のいずれかをクリックしてください。

1 日本語入力を行いたいアプリ（ここでは「メモ帳」）を起動しておきます。

2 アプリの文字の入力が行える状態にし、

3 ⊞を押しながらHを押します。

4 音声入力のウィンドウが表示され、「聞き取り中...」と表示されます。

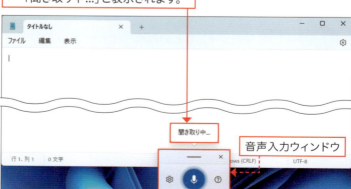

音声入力ウィンドウ

5 入力したい文章を話しかけると、

補足

エラーメッセージが表示される

文字入力を行いたいアプリを起動していても、そのアプリが文字入力が可能な状態になっていない場合、以下のようなエラーメッセージが表示されます。このメッセージが表示されたときは、アプリをアクティブにして文字入力が可能な状態にしたあとに■を押しならHを押してください。

補足

精度の高い音声入力をしたい

音声入力の精度は、音声品質が高いほど高くなります。逆にノイズが多い場所など音声が聞き取り難い環境では入力精度が低下します。精度の高い音声入力を行うには、指向性の高いコンデンサマイクを使用したり、口元近くで利用するマイクを使用するのがお勧めです。

6 話しかけた言葉が、文字入力されます。

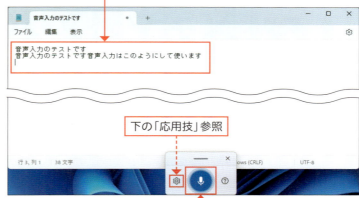

下の「応用技」参照

7 音声入力を停止したいときは再度、■を押しながらHを押すか、🎤をクリックします。

8 音声入力が停止します。

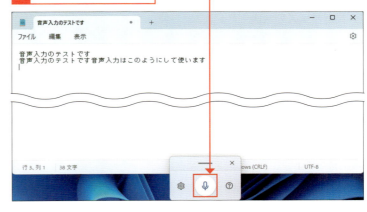

応用技　音声入力起動ツールを表示する

手順7の画面で⚙をクリックして表示されるダイアログボックスで、●をクリックし●にすると、音声入力起動ツールを常に表示できます。このツールの🎤をクリックすると、音声入力がオンになり音声入力のウィンドウに切り替わります。また、音声入力のウィンドウの🎤をクリックして音声入力をオフにすると、音声入力起動ツールに表示が切り替わります。

音声入力起動ツール

Section 67 文字やアプリの表示サイズを大きくしよう

ここで学ぶこと
- 表示サイズの拡大
- 文字サイズ
- アプリの表示サイズ

Windows 11は、文字（テキスト）やアプリ、アイコン、そのほかの項目を違和感なく**拡大表示**する機能を備えています。拡大表示するため画面に表示できる情報量は減りますが、より大きな文字で利用したいときに便利な機能です。

1 アプリと文字の両方の表示サイズを大きくする

解説

表示サイズを大きくする

画面に表示される文字（テキスト）やアイコン、そのほかの項目が小さいと感じるときは、右の手順で画面に表示される情報を大きくできます。Windows 11では、文字（テキスト）やアイコン、そのほかの項目を違和感なく拡大表示する機能を備えています。拡大表示によって画面に表示できる情報量は減りますが、視認性や可読性を高めることができます。

応用技

拡大率をすばやく設定する

拡大率の設定画面は、デスクトップの何も表示されていない場所を右クリックし、表示されたメニューから[ディスプレイ設定]をクリックすることでも表示できます。

1 ■をクリックし、

2 [設定]をクリックします。

3 [システム]をクリックし、

4 [ディスプレイ]をクリックします。

補足

拡大率について

手順6で設定できる拡大率は、利用環境によって異なります。また、画面サイズがもともとそれほど大きくないノートパソコンの場合、当初から視認性や可読性を高めるために「125%」や「150%」などの拡大率が推奨値として設定されていることがあります。その場合、100%に設定すると文字やアイコンのサイズは小さくなりますが、画面に表示される情報を増やすことができます。

応用技

文字サイズのみを変更する

Windows 11では、画面に表示される文字の大きさのみを変更することができます。文字の大きさのみを変更したいときは、手順5の画面で［拡大/縮小］をクリックし、次の画面で［テキストのサイズ］をクリックします。

5 ［拡大／縮小］の［○○%（推奨）］（ここでは［100%（推奨）］）をクリックします。

6 拡大／縮小率（ここでは［125%］）をクリックします。

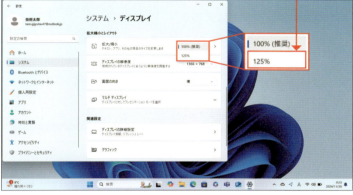

7 アプリと文字の両方のサイズが大きくなります。

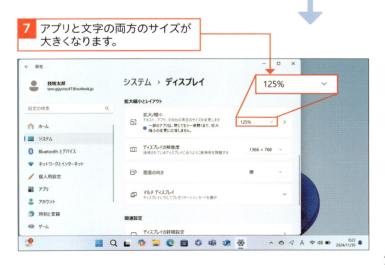

Section 68 マウスポインターの色や大きさを変更しよう

ここで学ぶこと
・マウスのカスタマイズ
・マウスポインターの大きさ
・マウスポインターの色

Windows 11は、**マウスポインター**の**色**や**大きさ**のカスタマイズを行えます。たとえば、マウスポインターが見にくく、場所を見失いがちのときは、マウスポインターを大きくしたり、判別しやすい色に変更してみましょう。

① マウスポインターを大きくする

解説
マウスポインターの拡大表示

マスポインターが見にくく、見失いがちで操作しにくいときは、マウスポインターの大きさを変更してみましょう。Windows 11では、右の手順でマウスポインターの大きさをカスタマイズできます。

1 ■をクリックし、

2 [設定]をクリックします。

3 [アクセシビリティ]をクリックします。

242

ヒント

サイズの調整

マウスポインターは、15段階のサイズがあります。右の手順でサイズをドラッグすると、リアルタイムでマウスポインターのサイズが変更されます。その大きさを参考に好みの大きさに設定してください。

補足

マウスポインターの色をカスタマイズする

Windows 11では、マウスポインターの色もカスタマイズできます。マウスポインターの色のカスタマイズは、手順5の画面で「マウスポインターのスタイル」の中から選択します。

黒　反転色　任意の色を選択

68　マウスポインターの色や大きさを変更しよう

4 [マウスポインターとタッチ]をクリックします。

5 サイズの◉をドラッグすると、

左の「補足」参照

6 マウスポインターの大きさが変わるので、それを目安に大きさを調整します。

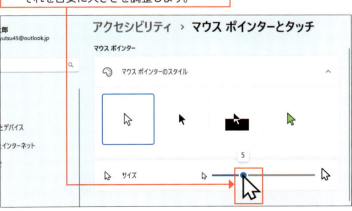

9 Windows 11をもっと使いこなそう

243

Section 69 デスクトップのデザインを変更しよう

ここで学ぶこと
- デスクトップ
- 背景
- 写真

デスクトップの**背景**は、あらかじめ用意されている背景の中から選択できるほか、**自分で撮影した写真**を選択したり、**スライドショーの背景**を選択したり、自分の好みに合わせてカスタマイズできます。

1 デスクトップの背景を変更する

解説

デスクトップの背景の変更

デスクトップに表示されている画像を、Windows 11では「背景」や「壁紙」と呼んでいます。背景は、自分の好きな写真（画像）に変更できます。右の手順では、デジタルカメラなどで撮影した写真を背景に設定する方法を例に、デスクトップの背景の変更方法を説明しています。

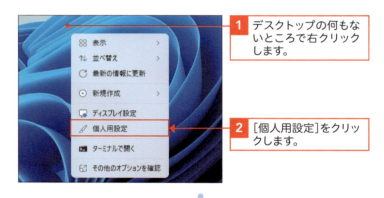

1 デスクトップの何もないところで右クリックします。

2 ［個人用設定］をクリックします。

もとの背景に戻す

Windows 11では、自分が撮影した写真などに背景に変更すると、もとからあった背景が最近使った画像から消えます。Windows 11にもとからあった背景は、エクスプローラーを起動し、［PC］→［ローカルディスク (C:)］→［Windows］→［Web］→［Wallpaper］と開くことで選択できます。

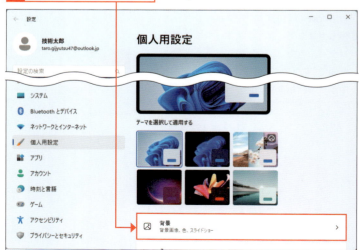

3 ［背景］をクリックします。

✨ 応用技

背景をスライドショーにする

手順4の[背景をカスタマイズ]の右側にある[画像]をクリックし、[スライドショー]をクリックすると、デスクトップの背景をスライドショーに設定できます。

✏️ 補足

表示方法を変更する

手順8の[デスクトップ画像に合うものを選択]の右側にある[ページ幅に合わせる]をクリックすると、背景に選択した写真(画像)の表示方法を変更できます。選択した写真(画像)が思ったように配置されないときは、この設定を行ってみてください。

4 ここをドラッグして、

5 [写真を参照]をクリックします。

6 背景に利用したい写真をクリックし、

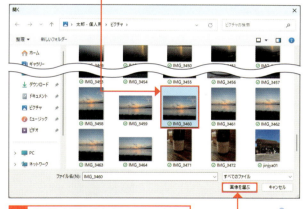

7 [画像を選ぶ]をクリックします。

8 選択した写真にデスクトップの背景が変更されます。

左の「補足」参照

デスクトップのデザインを変更しよう

9 Windows 11をもっと使いこなそう

245

Section 70 Bluetooth機器を接続しよう

ここで学ぶこと
- Bluetooth
- ペアリング
- キーボード／マウス

Bluetooth機器をWindows 11で利用するには、最初にペアリングと呼ばれる作業を行います。ペアリングとは、パソコンとパソコンに接続するBluetooth機器とを紐付ける作業です。

1 キーボードを接続する

解説
Bluetooth機器のペアリングを行う

Windows 11でBluetooth機器を利用するには、右の手順を参考にBluetooth機器とパソコン本体のペアリングを行う必要があります。右の手順では、Bluetoothキーボードを例にペアリングの手順を説明していますが、手順4までの操作は、すべてのBluetooth機器で共通です。そのあとの操作手順については、Bluetooth機器付属の取り扱い説明書を参考にペアリングを行ってください。

重要用語
Bluetoothとは

Bluetooth（ブルートゥース）は、マウスやキーボード、ヘッドセットなどの機器をケーブルレスで利用するための規格です。

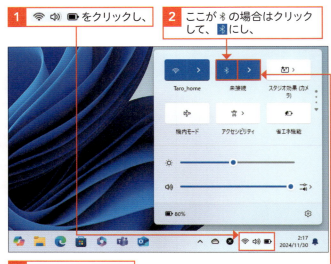

1 📶 🔊 🔋 をクリックし、
2 ここが ✳ の場合はクリックして、✳ にし、
3 ❯ をクリックします。

4 「新しいデバイス」画面が表示され、パソコンがBluetooth機器の検出状態になります。

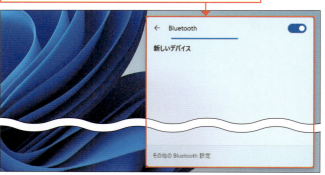

補足
機器をペアリング可能な状態にするには

手順5のBluetooth機器をペアリング可能な状態にする方法は、接続したいBluetooth機器によって異なります。機器付属の取り扱い説明書を参考にペアリング可能な状態に設定してください。

補足
Bluetooth機器の表示について

手順6で表示される機器の名称は、接続するBluetooth機器によって異なります。機器によっては、型番が表示されたり、マウスやキーボードといった機器の名称で表示されたりすることもあります。

補足
PINが表示されない

手順7のPINの入力を促す画面は、接続する機器によって表示されない場合があります。たとえば、通常、マウスやヘッドセットなどの入力手段を備えていない機器の場合は、PINの入力画面は表示されません。これらの機器でPINの入力画面が表示されたときは、取り扱い説明書に記載されたPINをキーボードなどで入力してください。

5 Bluetooth機器付属の取り扱い説明書を参考に、Bluetooth機器をペアリング可能な状態にします。

6 「新しいデバイス」画面にBluetooth機器（ここでは[Microsoft Wedge Mobile Keyboard]）が表示されるので、クリックします。

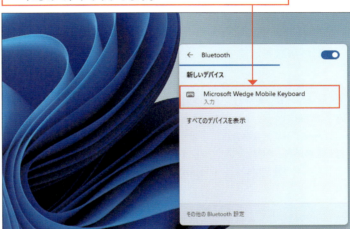

7 PINの入力を促す画面が表示されたときは、画面に表示されたPINを入力し、Enterを押します（ここではBluetoothキーボードで入力）。

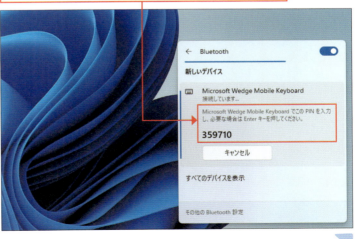

8 ペアリングが完了すると、「接続済み」と画面に表示されます。これでBluetooth機器が利用できます。

② Bluetoothデバイスの接続を解除する

💬 解説

機器の接続を解除する

Bluetoothとパソコンの接続（ペアリング）を解除したいときは、右の手順でデバイスの削除を行います。Bluetooth機器の動作が不安定な場合に、右の手順で接続を解除後、再度、ペアリングを行うことで機器の動作が安定する場合があります。

1 📶 🔊 🔋 をクリックします。

2 ❋ または ＞ を右クリックし、

3 ［設定を開く］をクリックします。

4 接続を解除したいデバイス（ここでは［Microsoft Wedge Mobile...］）の … をクリックし、

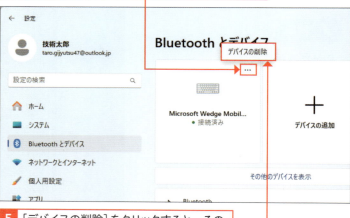

5 ［デバイスの削除］をクリックすると、そのデバイスが削除され接続が解除されます。

第 **10** 章

チャットやビデオ会議を活用しよう

Section **71**	Microsoft Teams でチャットを楽しもう
Section **72**	友人や家族とビデオ通話をしよう
Section **73**	ビデオ会議を開催しよう
Section **74**	会議に参加しよう

Section 71 Microsoft Teamsでチャットを楽しもう

ここで学ぶこと
- Microsoft Teams
- チャット
- コラボレーション

コラボレーションツール「Microsoft Teams」を利用すると、**文字による会話（チャット）**を友達や家族と楽しめます。1対1の会話だけでなく、複数人で行う**グループチャット**も楽しむこともできます。

① Microsoft Teamsを起動する

解説

Microsoft Teamsを利用する

Windows 11に備わっているコラボレーションツール「Microsoft Teams（個人用）（以下、Microsoft Teamsと表記）」を利用すると、文字による会話（チャット）を手軽に楽しめます。Microsoft Teamsはタスクバーにある をクリックすることで起動できます。

1 をクリックすると、

2 Microsoft Teamsが起動します。

補足

はじめて起動したとき

Microsoft Teamsをはじめて起動したときは、「ようこそ」画面が表示されたり、カメラやマイクへのアクセスを求められる場合があります。「ようこそ」画面が表示されたときは、［続行］をクリックし画面の指示に従って操作を行ってください。また、カメラやマイクへのアクセスを求められたときは、［はい］をクリックしてください。

② 友達を招待する

💬 解説

友達の招待

Microsoft Teamsでチャットを開始するには、相手をチャットに招待し、承諾を得る必要があります。右の手順でメッセージを送信すると招待がメッセージと一緒に送付されます。なお、メッセージの送信方法は、相手の利用状況に応じてチャット、メール、SMSメッセージのいずれかの方法が自動選択されます。メールが選択された場合は、メッセージの入力ボックスの上に「○○にメールのメッセージが送信されます。」と表示されます。

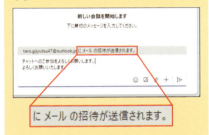

にメールの招待が送信されます。

✏️ 補足

改行を入力したい

チャットの文面を改行したいときは、Shift を押しながら Enter を押します。Enter のみを押すと、メッセージが送信されるので注意してください。

1 Microsoft Teamsを起動し、

2 チャットが表示されていない場合は 💬 をクリックします。

3 ✏️ をクリックします。

4 [新規作成]に名前、メールアドレス、電話番号のいずれか(ここではメールアドレス)を入力します。

5 候補が表示されたら、クリックして選択し

6 [メッセージ入力]をクリックします。

7 メッセージを入力し、

8 Enter を押すか、▷ をクリックします。

9 メッセージが送信されます。

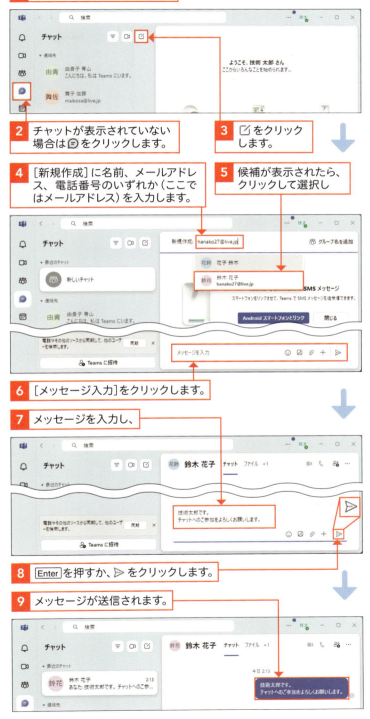

③ 招待を受諾する

解説

招待の受諾

Microsoft Teamsでチャットを行うには、相手から送付された招待を受諾する必要があります。右の手順では、相手から送付された招待を受け取って、それを受諾する手順を紹介しています。

1 チャットの招待を受け取ると、通知バナーが表示されます。

2 通知バナーをクリックするか、をクリックしてMicrosoft Teamsを起動します。

3 相手がチャットを希望していることを知らせるメッセージが表示されたら、

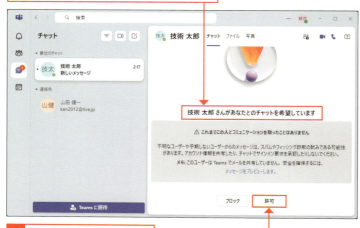

補足

招待を拒否する

受け取った招待が見知らぬ人だった場合など、招待を拒否したいときは手順 4 で［ブロック］をクリックします。招待を拒否すると、今後その相手から送られてるメッセージがブロックできます。

4 ［許可］をクリックします。

5 メッセージの送信者との会話の履歴が表示されます。

補足

SMSで招待が送付された場合

SMSで招待が送付されたときは、「Microsoft Teams」アプリのダウンロードリンクや利用方法が記載されたWebページのリンクが送られます。

④ メッセージを送る

💬 解説

メッセージを送信する

招待済みの友人や家族に文字によるメッセージを送りたいときは、右の手順を参考に話しかけたい相手をクリックして選択し、メッセージを入力して送信します。

✨ 応用技

チャット相手と音声通話やビデオ通話を行う

手順 4 の画面で をクリックすると、チャット相手とのビデオ通話が開始されます。また、 をクリックすると音声通話を行えます。

✏️ 補足

メッセージに返信する

Microsoft Teamsが表示されていない状態でメッセージを受け取ると、通知バナーが表示されます。受け取ったメッセージへの返信は、通知バナーから行えるほか、通知バナーをクリックしてMicrosoft Teamsを表示し、返信することができます。

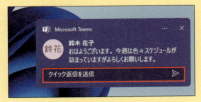

---

1 Microsoft Teamsを起動し、

2 チャットが表示されていない場合は 💬 をクリックします。

3 話したい相手（ここでは、[鈴木花子]）をクリックします。

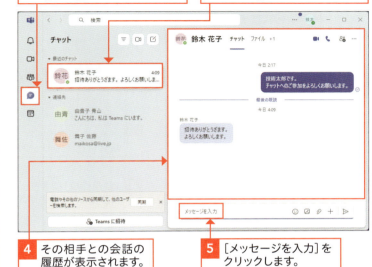

4 その相手との会話の履歴が表示されます。

5 [メッセージを入力]をクリックします。

6 メッセージを入力し、

7 Enter を押すか、 をクリックします。

8 入力したメッセージが送られます。

71

Microsoft Teamsでチャットを楽しもう

10 チャットやビデオ会議を活用しよう

253

❺ グループチャットを行う

💬 解説

グループを作成する

グループチャットを行うには、複数の人が参加する「グループ」を作成します。グループは、右の手順で作成できます。また、1対1で行っていたチャットをもとに参加者を追加して、グループチャットに移行することもできます。

1 Microsoft Teamsを起動し、

2 チャットが表示されていない場合は💬をクリックします。

3 ✏️をクリックします。

4 ［新規作成］に名前、メールアドレス、電話番号のいずれか（ここではメールアドレス）を入力します。

5 候補が表示されたら、クリックして選択します。

6 手順**4**、**5**を繰り返し、グループチャットのメンバーをすべて登録したら、

7 ［グループ名を追加］をクリックします。

✨ 応用技

**1対1のチャットを
グループチャットに移行する**

1対1のチャットをグループチャットに移行するときは、チャットの履歴画面でチャット相手の名前をクリックして、チャットウィンドウを表示し、👥をクリックして招待したい人を追加します。

補足

グループ名を編集する

手順8のグループ名の入力は、必須ではありません。グループ名はあとから変更できます。グループ名を変更するときは、グループ名の右の🖉をクリックし、グループ名を入力し、[保存]をクリックします。

応用技

参加者を追加する

グループチャットに新しい参加者を追加したいときは手順12の画面で👥3をクリックし、[ユーザーの追加]をクリックします。👥3に表示されている数字は、グループチャットに参加者している人数です。

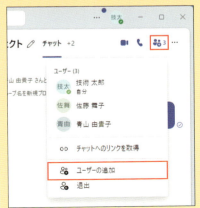

8 グループ名を入力し、

9 [メッセージを入力]をクリックします。

10 メッセージを入力し、

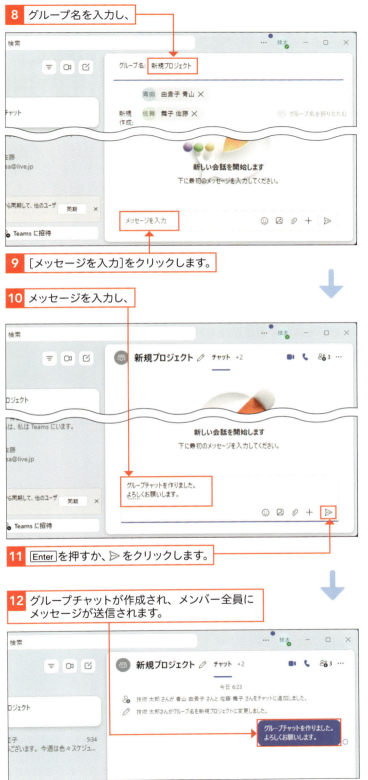

11 Enterを押すか、▷をクリックします。

12 グループチャットが作成され、メンバー全員にメッセージが送信されます。

Section 72 友人や家族とビデオ通話をしよう

ここで学ぶこと
- ビデオ通話
- 音声通話
- チャット

Windows 11は、**ビデオ通話**や**音声通話**も楽しめます。ビデオ通話や音声通話を行うときは、会話の履歴から発信します。シームレスに音声通話からビデオ通話、ビデオ通話から音声通話と移行することもできます。

1 チャット相手とビデオ通話／音声通話を行う

解説
ビデオ通話／音声通話を行う

メッセージのやり取りを行っているチャット相手とビデオ通話／音声通話を行いたいときは、チャットの履歴画面から  または  をクリックします。 をクリックするとビデオ通話が開始され、 をクリックすると音声通話が開始されます。

1  をクリックしてMicrosoft Teamsを起動します。

2 チャットが表示されていない場合は をクリックします。

3 話したい相手（ここでは、[鈴木花子]）をクリックします。

4 その相手との会話の履歴が表示されます。

5 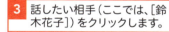 をクリックします。

応用技
グループ通話を行う

グループチャットを行っているグループで  や  をクリックすると、グループに参加している全員に対してビデオ通話または音声通話の呼び出しが行えます。

補足
呼び出しを中止する

呼び出しを中止したいときは、手順6の画面で［退出］をクリックします。

6 ビデオ通話画面が表示され、相手の呼び出しがはじまります。

② ビデオ通話／音声通話の着信を受ける

解説
着信を受け付ける

ビデオ通話または音声通話で着信があると、通知バナーが表示されます。通知バナーの をクリックするとビデオ通話で応答し、 をクリックすると音声通話で応答します。 をクリックすると着信を拒否します。

補足
ビデオ／音声のオン／オフの切り替え

通話画面のカメラが のときはビデオはオフです。クリックすると になりオンになります。マイクが のとき、音声はオフです。クリックすると になりオンになります。

ヒント
参加者を追加する

ビデオ通話や音声通話は、参加者を追加できます。参加者を追加したいときは、通話画面の ［参加者］をクリックして、追加したい参加者の氏名や電話番号、メールアドレスを入力します。

1 ビデオ通話／音声通話の着信があると通知バナーが表示されます。

2 通知バナーの  または （ここでは ）をクリックします。

3 ビデオ通話が開始されます。

4 ビデオ通話を終了するときは［退出］をクリックします。

Section 73 ビデオ会議を開催しよう

ここで学ぶこと
・ビデオ会議
・会議のリンク
・ユーザーの招待

Windows 11 では、自分が開催者となった**ビデオ会議**をかんたんな操作で開催できます。開催したビデオ会議は誰でも参加でき、Windows 11を利用していないユーザーも参加できます。たとえば、**スマートフォン**からも会議に参加できます。

1 ビデオ会議を開催する

解説 ビデオ会議の開催

ビデオ会議は、自分が開催者となった会議室を作成し、参加してほしい人をそこに招待する形で行います。最大60分の会議を行えます。また、参加者の招待は、「会議のリンク」をメールなどで対象者に配布します。右の手順では、ビデオ会議を作成し、メールで招待する手順を例にビデオ会議の開催方法を説明しています。

1 をクリックしてMicrosoft Teamsを起動します。

2 チャットが表示されていない場合は をクリックします。

3 をクリックします。

補足

参加者の招待方法

参加者の招待方法は、手順6の画面で選択します。［会議のリンクをコピー］をクリックすると、会議の参加に必要なリンクがクリップボードにコピーされます。コピーしたリンクは、メールやメッセージに貼り付けることができます。右の手順では、［既定のメールによる共有］をクリックして、メールアプリを起動し、会議室のリンクを記載したメールを参加者に送信する方法を紹介しています。

参加者を通話で招待する

手順6の画面で招待したいユーザーを検索するか、表示されているリストの上にマウスポインターを移動させ、［通話］をクリックするとそのユーザーに対して発信が行われ、直接会議に招待することができます。

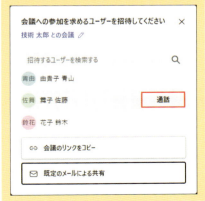

4 会議の名前を入力し、　**5** ［会議を開始］をクリックします。

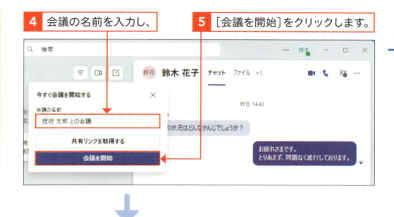

6 会議への参加者の招待画面が表示されます。

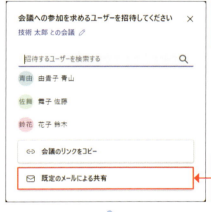

7 招待方法（ここでは［既定のメールによる共有］）をクリックします。

8 既定のメールアプリ（ここでは「Outlook for Windows」）が起動してメールの作成画面が表示されます。

9 会議に招待したい人のメールアドレスを入力します。

10 メールの本文に会議へのハイパーリンクが設定されていないときは記載のURLを範囲指定し、

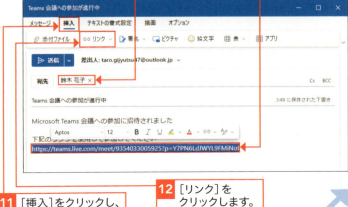

11 ［挿入］をクリックし、　**12** ［リンク］をクリックします。

補足

ハイパーリンクの挿入

右の手順13から18までの操作では、ビデオ会議のハイパーリンクを挿入しています。ハイパーリンクを挿入しておくと、このリンクをクリックするだけでビデオ会議に参加できるようになります。

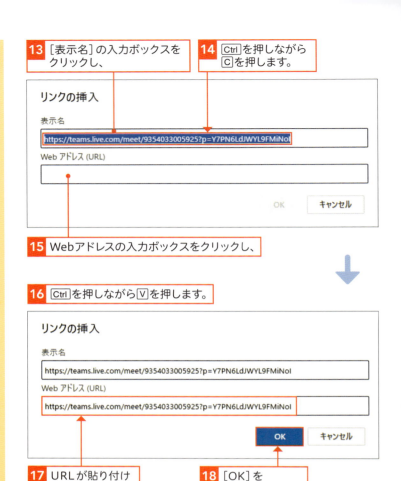

13 ［表示名］の入力ボックスをクリックし、

14 Ctrlを押しながらCを押します。

15 Webアドレスの入力ボックスをクリックし、

16 Ctrlを押しながらVを押します。

17 URLが貼り付けられます。

18 ［OK］をクリックすると、

19 ハイパーリンクが挿入されます。

20 ▷［送信］をクリックすると、招待メールが送信されます。

補足

背景を変更する

自分のビデオの背景を変更したいときは、手順24の画面で … [その他] → [ビデオの効果と設定] とクリックし、使いたい背景をクリックして選択し、[適用] をクリックします。

会議をキャンセルする

作成した会議をキャンセルしたいときは、手順24の画面で [退出] 右の をクリックし、[会議の終了] をクリックします。

---

21 メールアプリの ✕ をクリックして、メールアプリを終了します。

22 手順6の参加者の招待画面が表示されます。

23 ✕ をクリックして、画面を閉じます。

24 画面に自分が表示され、会議の参加者の待受状態になります。

73 ビデオ会議を開催しよう

10 チャットやビデオ会議を活用しよう

Section 74 会議に参加しよう

ここで学ぶこと
- 会議のリンク
- ロビー
- 参加許可

Windows 11で開催されるビデオ会議は、招待者がメールやSMSなどで送付された招待に記載されている**「会議のリンク」**をクリックしてビデオ会議の開催者（ホスト）に**参加許可**を求め、開催者がそれを**許可**することで参加できます。

1 ビデオ会議に参加する

解説

ビデオ会議への参加

Micrrosoft Teamsのビデオ会議では、メールなどに記載されたURLリンクからビデオ会議への参加許可を開催者に求める必要があります。Micrrosoft Teamsではこの状態を「ロビーで待機」と呼んでいます。右の手順では、招待を受け取った招待者が、開催者にビデオ会議への参加許可を求める（ロビーで待機する）までの手順を説明しています。

1 受け取った招待（ここではメール）を開き、［会議のリンク］をクリックします。

2 Webブラウザー（ここでは「Microsoft Edge」）が起動します。

補足

メール以外の方法で招待されたとき

ここではメールから参加していますが、そのほかの方法で招待が送られてきたときもメール同様に、「会議のリンク」をクリックしてビデオ会議に参加します。

3 ［開く］をクリックします。

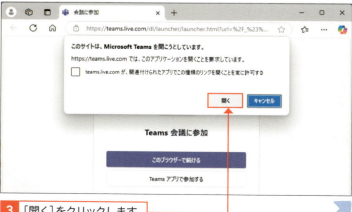

補足

招待メールが届かない

「会議のリンク」が記載されたメールは、間違って「迷惑メール」と判断される場合があります。「会議のリンク」が記載されたメールが届かない場合は、「迷惑メール」フォルダーを確認してみてください。

4 音声やビデオが ● (オン) になっていることを確認し、オフのときは ○ をクリックしてオンにします。

5 [今すぐ参加]をクリックします。

6 開催者（ホスト）の参加許可を待っていることを知らせる画面が表示されます。

7 開催者が参加許可を行い、相手の画面が表示されるまで待機します。

 補足　背景を変更する

手順 **4** と **6** の画面で [背景フィルター] をクリックすると、「背景の設定」のサイドパネルが表示され、任意の背景に変更できます。

❷ ビデオ会議への参加を許可する

解説
ビデオ会議への参加の許可

招待した人が「会議のリンク」をクリックし、ビデオ会議に参加すると開催者の参加許可を待つロビーで待機状態となり、開催者に右の手順❶の画面が表示されます。

補足
ロビーを表示

右の手順❷で[参加者]をクリックすると、ロビーが表示され待機中の招待者をすべて確認できるほか、参加の許可/不許可の操作も行えます。参加の許可を行うときは、待機中の招待者の ✓ をクリックします。

1 招待した人がビデオ会議に参加すると開催者(ホスト)に参加許可を求めるダイアログボックスが表示されます。

2 [参加許可]をクリックすると、

3 参加を許可した人の画面が表示され、ビデオ会議がはじまります。

補足　ビデオ会議を終了する

ビデオ会議の終了は開催者のみが行えます。開催者がビデオ会議を終了したいときは、[退出]右の ✓ をクリックして[会議を終了]をクリックし、「会議を終了しますか?」画面が表示されたら[終了]をクリックします。また、開催者が「退出」しても残った参加者で会議を継続できるようにしたいときは、[退出]をクリックします。なお、招待者は、[退出]をクリックするとビデオ会議から退出できます。

第 **11** 章

Windows 11の
セキュリティを高めよう

Section 75　ユーザーアカウントを追加しよう

Section 76　顔認証でサインインしよう

Section 77　PINを変更しよう

Section 78　サインインのセキュリティを強化しよう

Section 79　セキュリティ対策の設定をしよう

Section 80　ネットワークプロファイルを確認しよう

Section 81　Windows Updateの設定を変更しよう

Section 82　パソコンを以前の状態に戻そう

Section 75 ユーザーアカウントを追加しよう

ここで学ぶこと
・ユーザーアカウント
・家族アカウント
・ファミリーセーフティ

Windows 11 では「家族」と「他のユーザー」の 2 種類のユーザーアカウントを作成でき、1 台のパソコンをユーザーごとに独立した環境で利用できます。また、家族アカウントは、インターネットの利用制限などさまざまな管理も行えます。

1 家族用のアカウントを追加する

解説

家族用のアカウントの追加

Windows 11 では、「家族」と「他のユーザー」の 2 種類のユーザーアカウントを登録し、1 台のパソコンを複数のユーザーで利用できます。右の手順では、取得済みの Microsoft アカウントを子供用アカウントとして、2 人目のパソコンの利用者に登録する手順を説明しています。

1 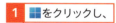をクリックし、

2 [設定]をクリックします。

3 [アカウント]をクリックします。　4 画面をスクロールして、

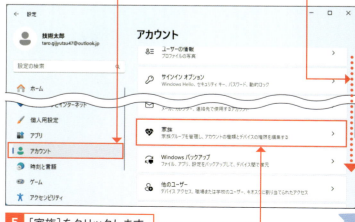

注意

**管理者ユーザーのみが
ユーザー登録を行える**

アカウントの作成や削除などを行えるのは、「管理者（Administrator）」権限を持つユーザー（オーガナイザー）のみです。Windows 11 では、最初に登録されたユーザーが管理者（Administrator）として自動設定されます。

5 [家族]をクリックします。

応用技
家族以外のユーザーを追加する

266ページの手順5の画面で[他のユーザー]をクリックすると、ゲスト用などの家族以外のメンバーとして新しいユーザーアカウントを追加できます。

補足
メールアドレスを新規取得する

手順8の画面で、[子に対して1つ作成する]をクリックすると、Microsoftアカウントのメールアドレスの取得とWindows 11へのユーザーアカウントの追加およびファミリーメンバーへの追加をすべて同時に行えます。

補足
招待メールについて

招待メールは、新規登録したユーザーをMicrosoft Family Safety（268ページ参照）のファミリーメンバーとして登録するためのメールです。取得済みのMicrosoftアカウントをメンバーとして登録するときは、必ず、招待メールが送信されます。新規登録されたユーザーがこの招待を受諾するとファミリーメンバーとして追加され、オーガナイザーによって管理できます。

---

6 画面をスクロールして、

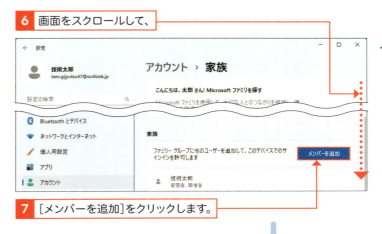

7 [メンバーを追加]をクリックします。

8 お子様用のMicrosoftアカウントのメールアドレスを入力し、

9 [次へ]をクリックします。

10 [オーガナイザー]または[メンバー]（ここでは、[メンバー]）をクリックし、

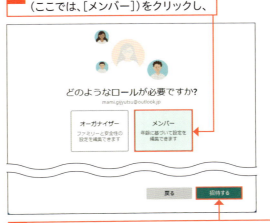

11 [招待する]をクリックすると、家族用のユーザーアカウントが追加され、招待メールが送信されます。

❷ Microsoft Family Safetyに参加する

解説

Microsoft Family Safetyへの参加

Microsoft Family Safetyは、参加メンバーのパソコンやインターネットの利用時間の制限、検索制限、登録機器の使用時間の管理などを行える機能です。この機能を利用するには、右の手順で参加承諾の手続きを行います。

ヒント

承諾手続きを行うパソコンについて

承諾手続きは、アカウントの追加を行ったパソコンで、アカウントを切り替えて行えます。アカウントの切り替えは、■→［ユーザー名］→…→［切り替えたいアカウント］とクリックすることで行えます。また、サインアウト（32ページ参照）またはパソコンを再起動し、サインイン画面でサインインを行うアカウントを選択することでアカウントを切り替えられます。なお、追加したアカウントではじめてサインインするときは、［サインイン］の文字をクリックし画面の指示に従って操作を行ってください。顔認証を利用していてアカウントの切り替えに失敗するときは、カメラを手で塞ぐなどしてアカウントを切り替えてください。

1 パソコンの再起動またはアカウントの切り替え（左の「ヒント」参照）を行います。

2 サインイン画面で追加したお子様アカウントをクリックし、

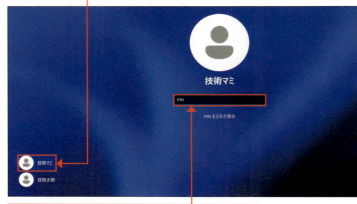

3 お子様アカウントのPINまたはパスワードを入力してサインインします。

4 ■をクリックし、

5 ［Outlook（new）］をクリックします。

6 Outlook fot Windowsが起動します。

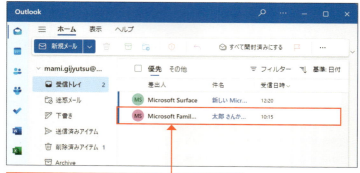

7 差出人が［Microsoft Family Safety］のメールをクリックします。

補足

招待の承諾

招待の承諾は、Microsoft Family Safety に参加するときにのみ必要な作業です。この作業を行わない場合、そのアカウントの管理を行うことはできなくなりますが、アカウントを追加したパソコンの利用は行えます。

8 [招待を承諾する]をクリックします。

9 Webブラウザーが起動し、Microsoft Family Safety の参加ページが表示されます。

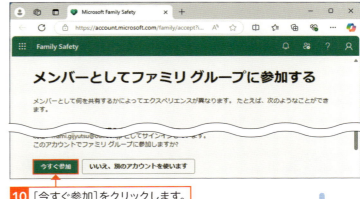

10 [今すぐ参加]をクリックします。

11 参加したメンバー（ここでは「技術マミ」）の概要が表示されます。

12 ✕をクリックしてWebブラウザーを閉じます。

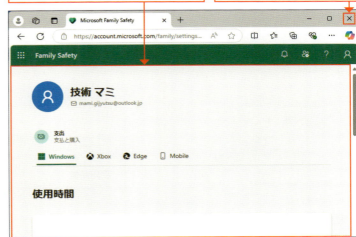

補足

追加メンバーの作業

Microsoft Family Safety に追加されたメンバーが行う承諾手続きの作業は、手順**11**の画面が表示されたら完了です。残りの作業は、オーガナイザー（管理者）が行います。270ページを参考にファミリーメンバーの管理を行ってください。

③ ファミリーメンバーの管理を行う

ファミリーメンバーの管理

右の手順では、ファミリーとして登録されたメンバー（ここでは「技術マミ」）を管理する方法を説明しています。メンバーの管理は、オーガナイザーであるユーザー（ここでは「技術太郎」）がMicrosoft family SafetyのWebページから行います。ここでは、ユーザーを「技術太郎」に切り替えて操作を行っています。

「設定」から管理ページを開く

右の手順 2 の管理ページは、[設定]→[アカウント]→[家族]の順にクリックし、[保護者による設定を開く]をクリックすることでも表示できます。

1 アカウントをオーガナイザー（ここでは「技術太郎」）に切り替えて、Webブラウザーを起動し、Microsoft Family SafetyのWebページ（https://family.microsoft.com）を開きます。

2 管理したいユーザー（ここでは[マミ]）をクリックします。

3 選択したユーザーの概要ページが表示されます。

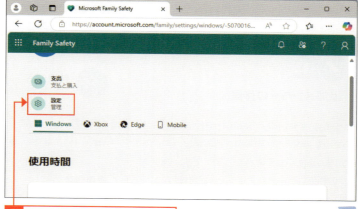

4 [設定管理]をクリックします。

補足

アカウントの種類を変更する

あとから追加したユーザーを管理者（Administrator）に変更したいなど、アカウントの種類を変更したいときは、■→[設定]→[アカウント]→[他のユーザー]→[アカウントの種類を変更したいユーザー名（ここでは[技術マミ]）]とクリックし、[アカウントの種類の変更]をクリックします。

補足

パソコンの利用可能時間を変更する

手順10の画面で、曜日をクリックすると、その曜日でパソコンを利用できる時間が変更できます。

---

5 年齢区分を設定し、

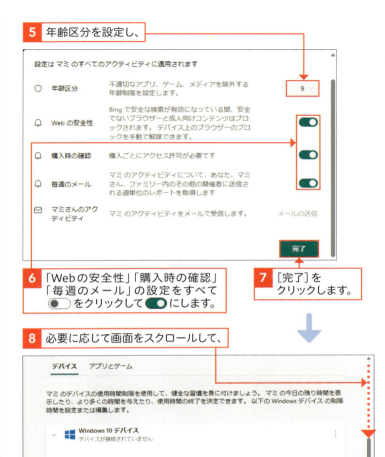

6「Web の安全性」「購入時の確認」「毎週のメール」の設定をすべて ○ をクリックして ● にします。

7 [完了]をクリックします。

8 必要に応じて画面をスクロールして、

9 Windows 10 デバイスの[制限を有効にする]をクリックします。

10 管理しているメンバーがパソコンを利用できる時間の一覧が表示されます。

11 これで管理設定は完了です。

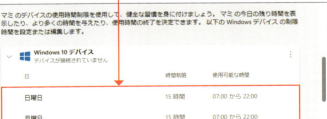

Section 76 顔認証でサインインしよう

ここで学ぶこと
- 顔認証
- サインイン
- Windows Hello

Windows 11は、パスワードやPINを入力する代わりに**顔認証**を利用して**サインイン**できます。顔認証を利用すると、ロック画面を解除し、カメラをわずかな時間見るだけですばやくWindows 11にサインインできます。

1 顔認証の設定を行う

解説
顔認証を設定する

「顔認証」は、あらかじめ自分の顔の情報を登録しておき、カメラを見つめるだけでWindows 11にサインインできる機能です。顔認証では、ユーザー固有の生体情報を用いて認証を行うため、手軽にWindows 11にサインインできるだけでなく、パスワード漏えいのリスクがなく、強固なセキュリティを実現できます。

1 ■をクリックし、

2 [設定]をクリックします。

3 [アカウント]をクリックし、

4 [サインインオプション]をクリックします。

注意

顔認証には対応カメラが必要

顔認証を利用するには、Windows Hello に対応した顔認証カメラが必要です。手順 5 の画面で、顔認識 (Windows Hello) の下に「このオプションは現在利用できません」と表示されているときは、パソコンにカメラが搭載されていても顔認証を利用できません。

5 [顔認識(Windows Hello)]をクリックし、

6 [セットアップ]をクリックします。

7 [開始する]をクリックします。

8 PINの入力画面が表示されたときは、[PIN]を入力すると、

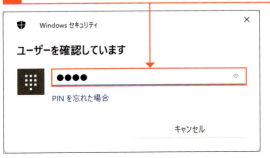

76 顔認証でサインインしよう

11 Windows 11 のセキュリティを高めよう

273

顔の登録を行う

手順9の顔の登録中は、作業が完了するまでパソコンに搭載されたカメラを正面から見つめてください。また、登録作業中には、画面に「カメラをまっすぐ見続けてください」などのメッセージが表示されます。このメッセージの指示に従って登録作業を行ってください。

9 顔の登録作業がはじまるので、

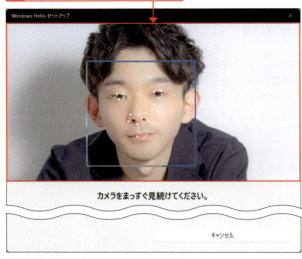

10 フレーム内に顔が入るように画面をまっすぐ見続けます。

11 顔の登録が完了すると、「すべて完了しました。」画面が表示されます。

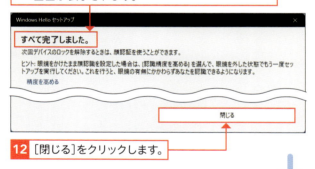

12 [閉じる]をクリックします。

13 顔認識の設定はこれで完了です。

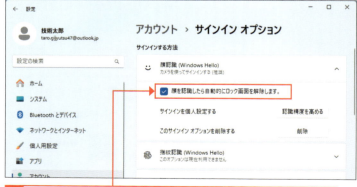

14 [顔を認識したら自動的にロック画面を解除します。]がオンに設定され、次回の認証から顔認証が利用されます。

顔認証の利用をやめる

手順13の画面で[削除]をクリックすると、顔認証の登録情報が削除され、利用を中止できます。なお、顔認証の削除を行ってもPINの設定は削除されません。

② 顔認証でサインインする

💬 解説
**顔認証でWindows 11に
サインインする**

顔認証によるWindows 11へのサインインは、パソコンの電源を入れ、ロック画面でカメラを正面から見つめるだけで自動的に認証が行われ、デスクトップが表示されます。

1 ロック画面が表示されると、画面に「ユーザーを探しています」と表示されます。

2 画面を正面から見ていると自動的に認証が行われて、

3 デスクトップが表示されます。

✏️ 補足　認識精度を高める

メガネをかけているときとかけていないときで認識精度に差があるときは、両方の顔を登録して認識精度を高めてください。認識精度を高めたいときは、274ページの手順13の画面で［認識精度を高める］をクリックし、画面の指示に従って顔の再登録を行います。たとえば、最初の登録時にメガネをかけていたときは、ここではメガネを外した状態で顔の登録を行ってください。

Section 77　PINを変更しよう

ここで学ぶこと
- PIN
- サインイン
- 変更

Windows 11では、パスワードを利用したサインインよりも安全性が高い「PIN」を利用したサインインを推奨しています。PINは自由に変更できるだけでなく、数字とアルファベット、記号を含めた複雑なものも設定できます。

1　PINを変更する

解説
PINの変更

PINは、パスワードの代わりに4文字以上の英数字や記号を利用してサインインを行う方法です。仮にPINが漏えいしても、実際のパスワードが漏えいするわけではないため、パスワードを直接入力するよりも安全性の高い認証方法とされています。右の手順では、利用中のPINの変更方法を説明しています。

1 をクリックし、

2 [設定]をクリックします。

3 [アカウント]をクリックし、

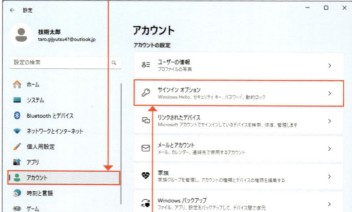

4 [サインインオプション]をクリックします。

補足

複雑なPINを設定する

PINは、4桁以上127文字以下で設定できます。また、[英字と記号を含める]をオンにすると、数字以外にもアルファベットや特殊文字を含んだPINを設定できます。アルファベットを含むPINでは、アルファベットの大文字／小文字が区別されます。

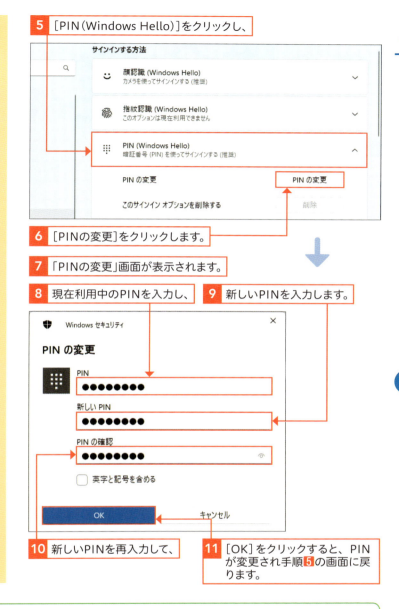

5 [PIN（Windows Hello）]をクリックし、

6 [PINの変更]をクリックします。

7 「PINの変更」画面が表示されます。

8 現在利用中のPINを入力し、

9 新しいPINを入力します。

10 新しいPINを再入力して、

11 [OK]をクリックすると、PINが変更され手順**5**の画面に戻ります。

ヒント　PINを忘れたときは

PINを忘れたときは、サインイン画面で[PINを忘れた場合]をクリックして画面の指示に従って操作することでPINをリセットして新しいPINを設定できます。なお、PINのリセットにはMicrosoftアカウントのパスワードまたはローカルアカウントで利用しているパスワードの入力が求められます。

Section 78 サインインの セキュリティを強化しよう

ここで学ぶこと
- パスワードレス
- Microsoft アカウント
- サインイン

Windows 11 への**サインイン**に Microsoft アカウントを使用している場合は、PIN や顔認証、指紋認証を設定するのがお勧めです。これらは、Windows 11 へのサインインにパスワードを入力しないので**セキュリティを強化**できます。

① サインインの設定を確認／変更する

解説
パスワード設定について

サインインのセキュリティを強化したいときに有効な方法が、「パスワードレス」と呼ばれるパスワード入力を必要としない認証方法を用いることです。Windows 11 にはパスワード入力を必要としない認証方法として、顔認証や指紋認証、PIN など認証方法を用意しています。ここでは、Windows 11 の認証方法を確認するとともに、パスワードレス認証のオン／オフの切り替えなどについて説明しています。

1 ■をクリックし、

2 ［設定］をクリックします。

3 ［アカウント］をクリックし、

4 ［サインインオプション］をクリックします。

> **補足**
>
> **パスワードレスの設定を無効にする**
>
> パスワードレスの設定を無効にすると、Windows 11へのサインインにパスワードが利用できるようになります。また、PINの利用を停止してパスワードによる認証に戻したりできます。パスワードレスの設定を無効にしたいときは、右の手順7の設定を行ってください。

5 画面をスクロールし、

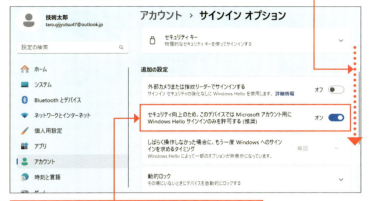

6 ［セキュリティ向上のため…］が になっていると、パスワードレスの設定が有効です。

7 パスワードレスの設定をオフにしたいときは、［セキュリティ向上のため…］の ●○ をクリックして ○● にし、

8 パソコンを再起動します。

9 サインイン画面に［サインインオプション］が表示されるのでクリックすると、

10 サインインオプションで、パスワードによるサインインが選択できます。

Section 79 セキュリティ対策の設定をしよう

ここで学ぶこと
- Windows セキュリティ
- ウイルス
- スパイウェア

Windows セキュリティは、Windows 11に用意されている包括的なセキュリティ管理機能です。Windows セキュリティでは、ウイルス／スパイウェア対策やアカウントの保護、ファイアウォールの設定などの**セキュリティの管理**が行えます。

1 Windows セキュリティを起動する

解説

セキュリティ対策の設定

Windows セキュリティは、Windows 11に備わっている包括的なセキュリティ管理機能です。ウイルス／スパイウェアの対策を行う「ウイルスと脅威の防止」や「アカウントの保護」「ファイアウォールとネットワーク保護」「アプリとブラウザーコントロール」「デバイスセキュリティ」「デバイスのパフォーマンスと正常性」「ファミリーのオプション」などの項目が用意されています。

1 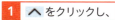 をクリックし、

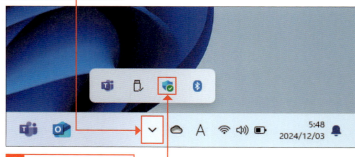

2 をクリックします。

3 Windows セキュリティが起動します。

補足

他社製アプリがインストールされている場合

他社製のウイルス／スパイウェア対策アプリがインストールされている場合も、Windows セキュリティでそのアプリの機能の一部を管理できます。管理できる内容については、ウイルス／スパイウェア対策アプリ付属の取り扱い説明書などを参照してください。

❷「セキュリティ インテリジェンス」を更新する

🗨 解説
セキュリティ インテリジェンスについて

ウイルス／スパイウェア対策アプリは、日々増加していく悪意のあるプログラムの情報をデータベース化して管理しています。この情報を「セキュリティ インテリジェンス」と呼びます。右の手順では、Windows 11 に標準で備わっているウイルス／スパイウェア対策アプリ「Microsoft Defender」のセキュリティ インテリジェンスを手動で更新する方法を説明しています。なお、Microsoft Defender のセキュリティ インテリジェンスの更新は、通常、Windows Update を利用して自動的に行われます。手動のウイルス検査を実施する場合など、現在のセキュリティ インテリジェンスが最新か確認したいときなどに手動更新を行ってください。

⚠ 注意
SモードのWindows 11を利用している場合

SモードのWindows 11を利用しているときは、右の手順❷で以下の画面が表示され、手順❷以降の操作が行えません。SモードのWindows 11は、セキュリティを高めたWindows 11の特別なバージョンであるためです。

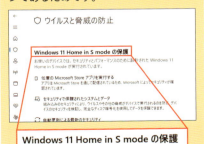

1 [ウイルスと脅威の防止]をクリックします。

2 画面をスクロールして、

3 [保護の更新]をクリックします。

4 [更新プログラムのチェック]をクリックすると、

 左の「解説」参照

5 ウイルスおよびスパイウェアのセキュリティ インテリジェンスの更新が行われます。

③ 手動でウイルス検査を行う

💬 解説

ウイルス検査を手動で実行する

右の手順では、パソコン内蔵のHDDやSSD内のすべてのデータを対象にフルスキャンによるウイルス検査を手動で実施する方法を解説しています。定期的に手動でウイルス検査を行うことで、検出漏れが減り、セキュリティを高めることができます。なお、この機能はSモードのWindows 11がインストールされたパソコンでは利用できません。

1 ［ウイルスと脅威の防止］をクリックします。

2 ［スキャンのオプション］をクリックします。

3 ［フル スキャン］の○をクリックして●にし、

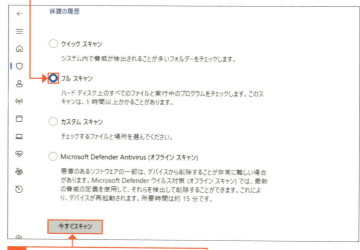

4 ［今すぐスキャン］をクリックすると、

5 ウイルス検査が実行されます。

6 ウイルス検査が終了すると、検査結果が表示されます。

④ 検出されたウイルスを削除する

💬 解説

検出されたウイルスの削除

ウイルス検査やWebの閲覧やファイルのダウンロードなどによって脅威が検出されると、それを警告するために通知バナーが表示されます。右の手順では、ウイルス検査によって脅威が検出されたときの対処法を説明しています。なお、この機能はSモードのWindows 11がインストールされたパソコンでは利用できません。

1 ウイルスを検出すると検査終了後に通知バナーが表示され、

2 検出した脅威が表示されます。

3 [操作の開始]をクリックすると、

4 推奨される操作が実行されます。

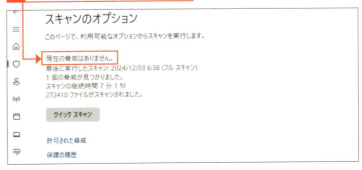

Section 80 ネットワークプロファイルを確認しよう

ここで学ぶこと
- ネットワークプロファイル
- プライベートネットワーク
- パブリックネットワーク

ネットワークプロファイルは、セキュリティ対策機能と連動して利用される**場所の設定**です。信頼がおける安全な場所で利用する「**プライベートネットワーク**」と危険が潜む公の場所で利用する「**パブリックネットワーク**」の2種類があります。

1 ネットワークプロファイルを確認する

解説

ネットワークプロファイルとは

ネットワークプロファイルは、セキュリティ対策機能と連動して利用場所に応じた最適なセキュリティを適用します。信頼がおける安全な場所で利用する「プライベートネットワーク」と危険が潜む公の場所で利用する「パブリックネットワーク」の2種類が用意されており、Windows 11では通常「パブリックネットワーク」を自動選択します。ネットワークプロファイルの確認と変更は、右の手順で行えます。

補足

ネットワークのアイコンについて

Windows 11では、Wi-Fiでインターネットが利用可能な場合に 📶 、有線LANでインターネットが利用可能な場合に 🖥 、インターネットが利用不可の場合に 🌐 のアイコンが表示されます。

1 📶 または 🖥 （ここでは 📶 ）を右クリックし、

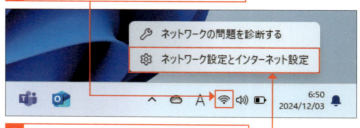

2 ［ネットワーク設定とインターネット設定］をクリックします。

3 「プロパティ」で現在のネットワークプロファイル（ここでは「パブリックネットワーク」）を確認できます。

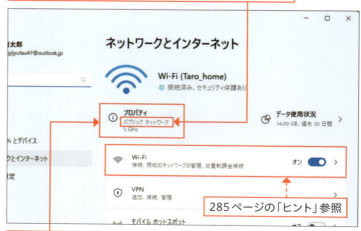

285ページの「ヒント」参照

4 ネットワークプロファイルを変更したいときは、［プロパティ］をクリックします。

補足

プライベートとパブリックの違い

プライベートネットワークとパブリックネットワークのもっとも大きな違いは、ファイル共有を行えるかどうかです。プライベートネットワークはファイル共有を行えますが、パブリックネットワークはファイル共有を行えません。通常、外出先ではパブリックネットワークを、自宅や会社など信頼できる場所でプライベートネットワークを利用します。

5 画面をスクロールして、

6 [プライベートネットワーク]または[パブリックネットワーク](ここでは[プライベート])をクリックすると、

7 選択したネットワークプロファイル(ここでは[プライベートネットワーク])に変更されます。

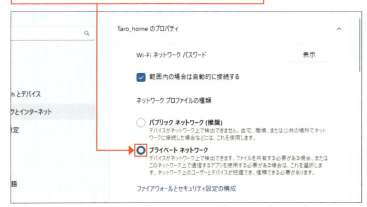

ヒント　Wi-Fiの不要な接続設定を削除する

間違えて接続したり、使用することがなくなったWi-Fiの接続設定は、284ページの手順3の画面で[Wi-Fi]をクリックして次画面で[既知のネットワークの管理]をクリックすることで削除できます。

Section 81 Windows Updateの設定を変更しよう

ここで学ぶこと
- Windows Update
- 更新プログラム
- 手動

Windows Updateは、不具合やセキュリティの問題を解消する更新プログラムを適用する機能です。通常、更新プログラムは自動で適用されますが、**手動更新**が行えるほか、アップデートによる不具合発生時には**アンインストール**も行えます。

1 手動でWindows Updateを適用する

解説
更新プログラムの手動アップデート

Windows Updateは、更新プログラムの自動更新機能です。Windows 11には、毎月定期的に実施される「品質更新プログラム」と「機能更新プログラム」があります。また、緊急度が高いセキュリティアップデートは、随時、配布されています。Windows Updateは、これらの更新を自動的に実施します。また、Windows Updateは、右の手順で手動更新を行うこともできます。

1 ⊞をクリックし、

2 [設定]をクリックします。

3 [Windows Update]をクリックします。

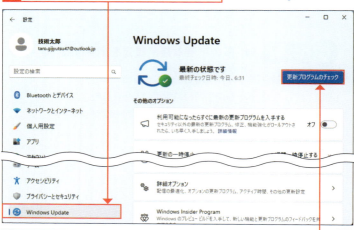

4 [更新プログラムのチェック]をクリックすると、

286

補足
更新プログラムの適用時間について

更新プログラムには、パソコンの再起動を伴う更新とパソコンの再起動が不要な更新があります。パソコンの再起動が伴う更新プログラムがインストールされたときは、以下のような画面が表示され、アクティブ時間に設定された時間外にパソコンの再起動が実行されます。

アクティブ時間の設定

アクティブ時間は、通常、パソコンの利用傾向などをもとにWindows 11が自動設定しますが、手動で設定することもできます。アクティブ時間を手動設定したいときは、右の手順 8 の画面から［詳細オプション］→［アクティブ時間］とクリックすることで行えます。

---

5 更新プログラムのチェックが開始されます。

6 更新プログラムが見つかったときは、自動的にダウンロードが実行され、

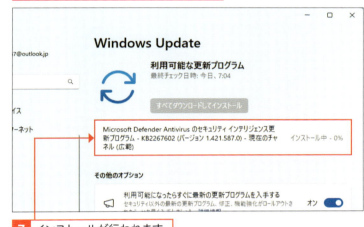

7 インストールが行われます。

8 更新プログラムのインストールが完了すると「最新の状態です」と表示されます。

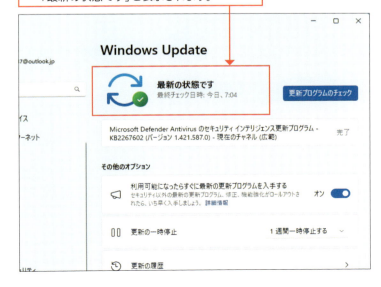

② 更新プログラムの適用を一時停止する

解説

更新を一時停止する

更新プログラムの適用を一時的に停止したいときは、［更新の一時停止］の右横の［○週間一時停止する］をクリックします。更新を一時停止すると、「更新プログラムは○○まで一時停止しています」と表示され、［更新プログラムのチェック］が［更新の再開］に変わります。更新を再開したいときは、［更新の再開］をクリックします。

補足

停止期間を変更する

更新プログラムの一時停止期間を変更したいときは、［○週間一時停止する］の右の をクリックして、メニューから一時停止したい期間をクリックします。

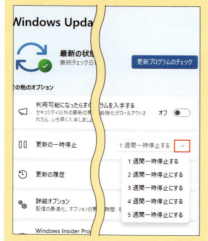

1 をクリックし、

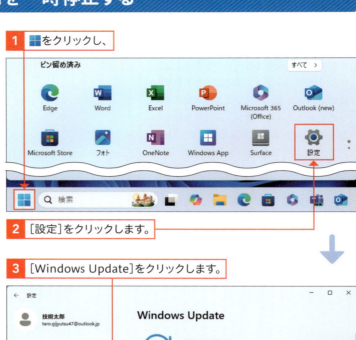

2 ［設定］をクリックします。

3 ［Windows Update］をクリックします。

4 ［○週間一時停止する（ここでは［1週間］）］をクリックすると、

5 更新が一時停止されます。

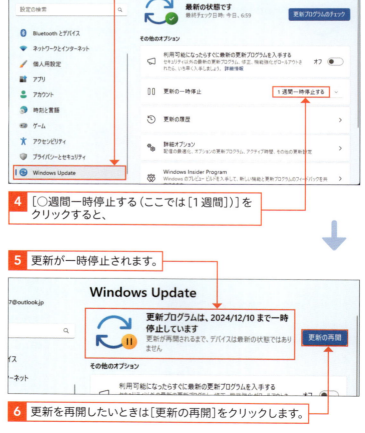

6 更新を再開したいときは［更新の再開］をクリックします。

③ 更新プログラムをアンインストールする

解説
更新プログラムの
アンインストール

更新プログラムをインストールしたことによって不具合が生じた場合は、適用した更新プログラムをアンインストールすることで、不具合を解消できる場合があります。更新プログラムのアンインストールは、右の手順で行います。また、288ページの手順を参考に更新プログラム適用の一時停止または延期設定を行うことをお勧めします。更新プログラム適用の一時停止または延期設定を行うことで、不具合を生じた更新プログラムの再インストールを防ぐことができます。

1 ■→［設定］とクリックして設定を起動します。

2 ［Windows Update］をクリックし、

3 ［更新の履歴］をクリックします。

4 画面をスクロールして、

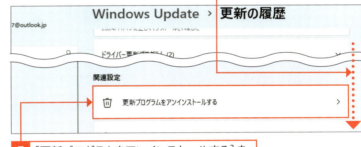

5 ［更新プログラムをアンインストールする］をクリックします。

6 アンインストールしたい更新プログラムの［アンインストール］をクリックすると、

7 その更新プログラムがアンインストールされます。

補足
更新プログラムの修正内容を
確認する

手順**4**の画面で履歴として表示されている更新プログラムの［詳細情報］をクリックすると、Webブラウザーが起動してその更新プログラムの修正内容を確認できます。

Section 82 パソコンを以前の状態に戻そう

ここで学ぶこと
- システムの保護
- 復元ポイント
- システムの復元

Windows 11には、更新プログラムの適用やアプリのインストールなどによって不具合が発生したときに、**正常動作していたときの状態に戻す**ことで不具合を回避する**「システムの保護（システムの復元）」**と呼ばれる機能が備わっています。

1 「システムの保護」を設定する

解説

「システムの保護」の設定

システムの保護は、正常に動作していたときのシステムの状態を「復元ポイント」として保存しておき、問題が発生したときに、正常動作していたときの状態に戻せる機能です。右の手順では、システムの復元が有効になっているかどうかを確認し、無効になっていた場合は、システムの復元を有効に設定する手順を説明しています。

注意

システムの復元利用時の制限

システムの復元は、システムの状態を対象とした機能であるため、ユーザーデータを復元することはできません。たとえば、誤って写真や文書などのファイルを削除した場合に、システムの復元を利用してもそのファイルを復元することはできません。また、システムの復元は、発生した不具合を完全に解消することを保証する機能ではありません。システムの復元を利用しても不具合を解消できない場合があります。

補足

保護設定が有効の場合は

右の手順8で保護設定が[有効]になっているときは、システムの保護が設定されています。システムの保護が有効に設定されている場合は、[構成]をクリックして、手順11の最大容量の確認を行ってください。

最大容量について

手順11の最大容量の設定は、システムの保護で復元先として利用する復元ポイントを保存しておくためのディスク容量の設定です。この容量を多くすると、それだけ多くの復元ポイントを保存できます。また、ここで指定した容量に達すると、古い復元ポイントから順に削除し、新しい復元ポイントを保存するための容量を確保します。

---

6 [システムの保護]をクリックします。

7 「システムのプロパティ」が表示されます。

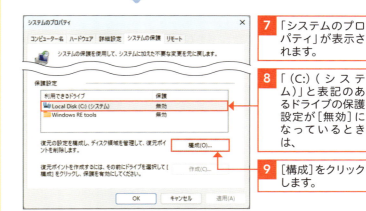

8 「(C:)(システム)」と表記のあるドライブの保護設定が[無効]になっているときは、

9 [構成]をクリックします。

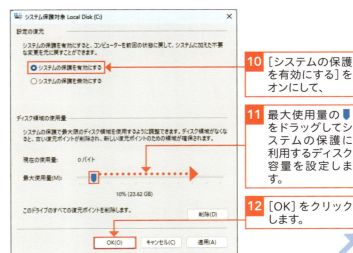

10 [システムの保護を有効にする]をオンにして、

11 最大使用量の🔵をドラッグしてシステムの保護に利用するディスク容量を設定します。

12 [OK]をクリックします。

補足 復元ポイントの作成

システムの復元を行うには、復元ポイントが1つ以上作成されている必要があります。復元ポイントは、通常、重要な更新プログラムの適用前などに自動作成されるほか、手動で作成することもできます。システムの復元を有効にしたときは、手順13の画面で[作成]をクリックし、画面の指示に従って復元ポイントを作成しておくことをお勧めします。

13 保護設定が「有効」になります。

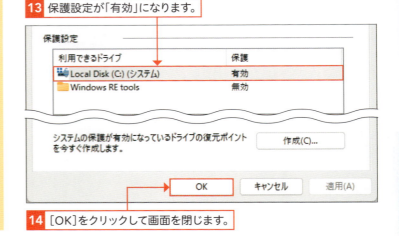

14 [OK]をクリックして画面を閉じます。

補足 復元ポイントの状態に戻す

不具合が発生した場合など、システムの復元を利用してWindows 11を正常だったときの状態に戻したいときは、以下の手順でシステムを復元します。

1 290〜291ページの手順を参考にシステムのプロパティを表示します。

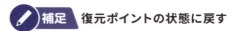

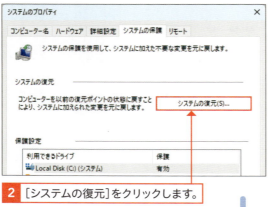

2 [システムの復元]をクリックします。

3 [次へ]をクリックします。

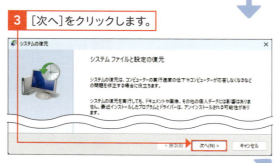

4 復元ポイントのリストが表示されます。

5 復元先をクリックし、

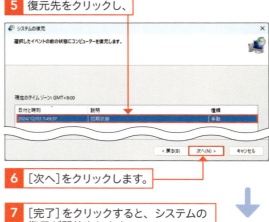

6 [次へ]をクリックします。

7 [完了]をクリックすると、システムの復元が開始されます。

第12章

Windows 11の初期設定をしよう

Section 83 　初期設定をしよう

Section 84 　パスワード再設定の方法を知ろう

Section 85 　Windows 11のSモードを解除しよう

Section 86 　Windows 11のバージョンやエディションを確認しよう

Section 83 初期設定をしよう

ここで学ぶこと
- 初期設定
- サインイン
- Microsoft アカウント

Windows 11がプリインストールされたパソコンをはじめて起動するときは、**初期設定**を行う必要があります。初期設定では、サインインに利用する**アカウントの登録**などを画面の指示に従って設定していきます。

1 Windows 11の初期設定を行う

解説
Windows 11の初期設定について

ここでは、Windows 11の初期設定の途中でMicrosoft アカウントを新規取得し、それをWindows 11のサインインアカウントとして利用する方法を説明しています。すでにお持ちのMicrosoft アカウントを利用してWindows 11の初期設定を行う場合は、右の手順だけでなく、303ページの「補足」も参照してください。なお、Windows 11の初期設定を行うには、インターネット接続環境が必要です。

注意
初期設定の画面が異なる

Windows 11のバージョンや利用するパソコンによっては、本書で紹介している手順どおりに初期設定画面が表示されない場合があります。また、一部の初期設定画面が表示されなかったり、本書にはない初期設定画面が表示されたりする場合もあります。詳細な初期設定については、ご利用のパソコンの取り扱い説明書などで確認してください。

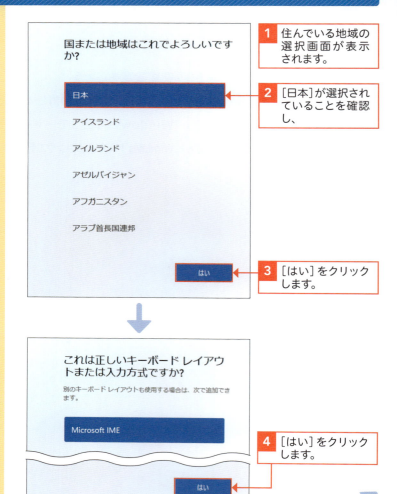

1 住んでいる地域の選択画面が表示されます。

2 [日本]が選択されていることを確認し、

3 [はい]をクリックします。

4 [はい]をクリックします。

補足

「ネットワークに接続しましょう」画面について

手順6の「ネットワークに接続しましょう」画面は、有線LANとWi-Fiの両方を備えたパソコンでは表示されない場合があります。このタイプのパソコンでは、有線LANに接続をしていないときにのみ、この画面が表示されます。この画面が表示されなかったときは、手順12に進んでください。

パスワードの入力

Wi-Fiの利用には、接続先（アクセスポイント）の名称やパスワードなどの情報が必要です。利用しているWi-Fiルーターやアクセスポイントの取り扱い説明書を参考に接続先（アクセスポイント）を選択し、パスワードを入力してください。

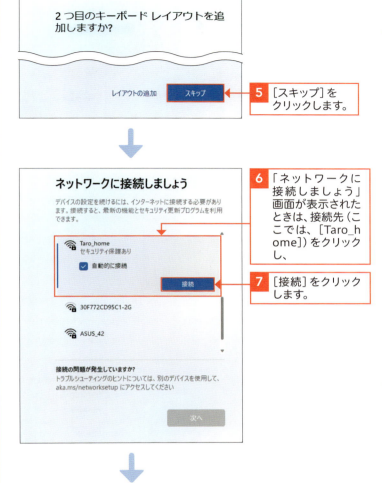

5 ［スキップ］をクリックします。

6 「ネットワークに接続しましょう」画面が表示されたときは、接続先（ここでは、［Taro_home］）をクリックし、

7 ［接続］をクリックします。

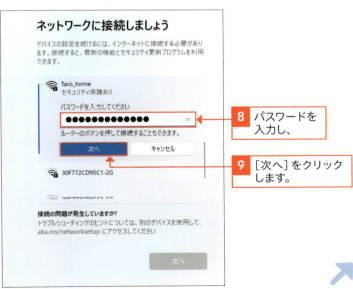

8 パスワードを入力し、

9 ［次へ］をクリックします。

アップデートの確認時間

手順12のライセンス契約の画面は、アップデートの確認が完了すると表示されます。アップデートの確認は、数分程度かかる場合があります。

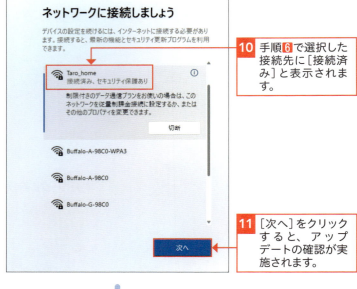

10 手順6で選択した接続先に［接続済み］と表示されます。

11 ［次へ］をクリックすると、アップデートの確認が実施されます。

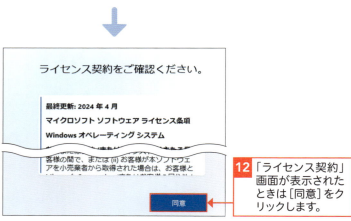

12 「ライセンス契約」画面が表示されたときは［同意］をクリックします。

パソコンに付ける名称

右の手順13で行っているパソコンの名称の設定は、ファイル共有を行ったりするときに相手のパソコンに表示される識別名（パソコン名／コンピューター名）です。複数のパソコンを利用しているときは、必ず、同じ名称にならないようにしてください。なお、［今はスキップ］をクリックすると、この設定をスキップし、手順15に進みます。

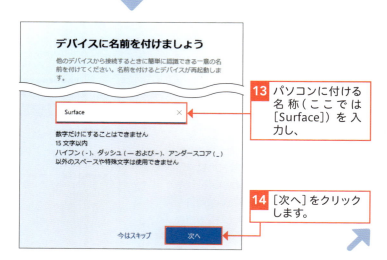

13 パソコンに付ける名称（ここでは［Surface］）を入力し、

14 ［次へ］をクリックします。

「個人用」や「職場または学校用」について

手順15の設定は、初期設定中のパソコンをどのように設定するかを選択しています。家庭内などで利用する場合は、通常、[個人用に設定]を選択します。また、[職場または学校用に設定する]は、Windowsサーバーなどが設置されている会社や学校などで利用するときに選択します。なお、Windows 11 Homeではこの設定は表示されません。手順15、16はスキップして手順17に進んでください。

Windows 11の更新画面が表示された

右の手順16のあとに、以下のようなWindows 11の更新画面が表示される場合があります。この画面が表示されたときは、更新作業が完了するまでお待ちください。また、更新作業が完了すると、手順17の画面が表示されます。

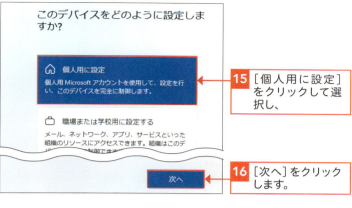

15 [個人用に設定]をクリックして選択し、

16 [次へ]をクリックします。

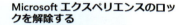

17 [サインイン]をクリックします。

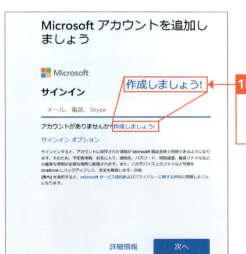

18 新しいアカウントを作成するときは、[作成しましょう!]をクリックします。

83

初期設定をしよう

12 Windows 11の初期設定をしよう

297

補足
**メールアドレスが
すでに使われているときは**

手順⑳で入力したメールアドレスがすでに使われていたときは、手順㉑の次に「Microsoft アカウントとして既に使用されています。」と表示されます。別のメールアドレスを入力して、[次へ]をクリックしてください。

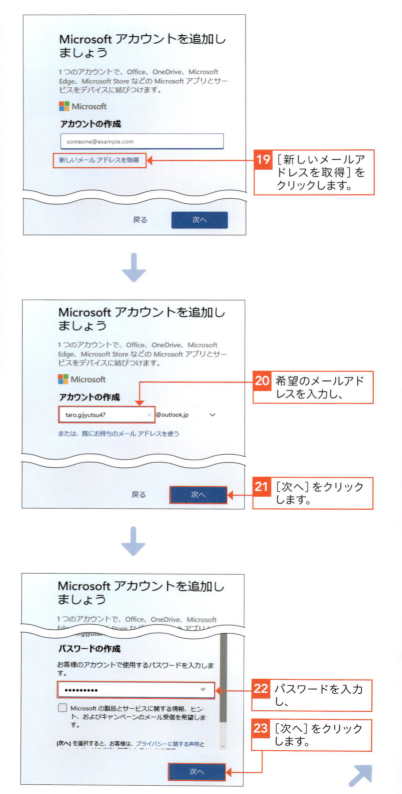

19 [新しいメールアドレスを取得]をクリックします。

20 希望のメールアドレスを入力し、

21 [次へ]をクリックします。

22 パスワードを入力し、

23 [次へ]をクリックします。

ヒント
生まれ年は西暦で入力

手順29で生年月日の生まれ年は、「西暦」で入力してください。和暦での入力は行えません。

補足
セキュリティ情報について

手順31のセキュリティ情報は、パスワードを忘れてしまった場合の回復、アカウントのハッキング被害の防止、ブロック時のアカウントの復元などに利用されます。セキュリティ情報は、メールアドレスまたは携帯電話の電話番号を追加できます。また、メールは、Microsoftアカウントで取得したメールアドレスとは別のものを設定します。

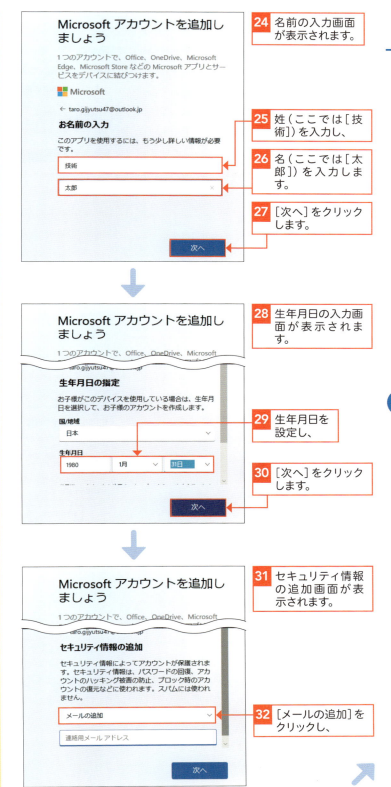

24 名前の入力画面が表示されます。

25 姓（ここでは［技術］）を入力し、

26 名（ここでは［太郎］）を入力します。

27 ［次へ］をクリックします。

28 生年月日の入力画面が表示されます。

29 生年月日を設定し、

30 ［次へ］をクリックします。

31 セキュリティ情報の追加画面が表示されます。

32 ［メールの追加］をクリックし、

12 Windows 11の初期設定をしよう

電話番号の入力形式

手順34で入力する電話番号は、先頭の「0」を除いた形で入力します。たとえば、電話番号が090-AAAA-BBBBの場合、「90AAAABBBB」の形式で入力します。

クイズが表示された

手順35のあとにロボットではないことを証明するためのクイズが表示される場合があります。この画面が表示されたときは、画面の指示に従ってクイズに回答してください。ロボットでないことが確認されると、手順36の画面が表示されます。

顔認証の設定について

顔認証に対応したカメラを備えたパソコンを利用しているときは、手順35のあとに顔認証の設定画面が表示されます。顔認証の設定を行うときは、[はい、セットアップします]をクリックし、画面の指示に従って設定を行ってください。顔認証の設定が完了すると、手順36の画面が表示されます。また、顔認証の設定を行わないときは[今はスキップ]をクリックし、手順36に進んでください。

33 [電話番号の追加]をクリックします。

34 電話番号を入力し、

35 [次へ]をクリックします。

36 [PINの作成]をクリックします。

応用技

英字と記号を含むPINを設定する

右の手順37で設定するPINは、数字以外にも英字と記号を含んだより強固なPINを設定できます。数字以外にも英字と記号を含んだPINを設定したいときは、手順37の画面で[英字と記号を含める]をオンにし、PINの入力を行います。

補足

プライバシー設定の選択画面について

右の手順では画面をスクロールして内容を確認していますが、[次へ]をクリックすることでも内容がスクロールし、すべての内容を表示すると、[次へ]が[同意]に変わります。

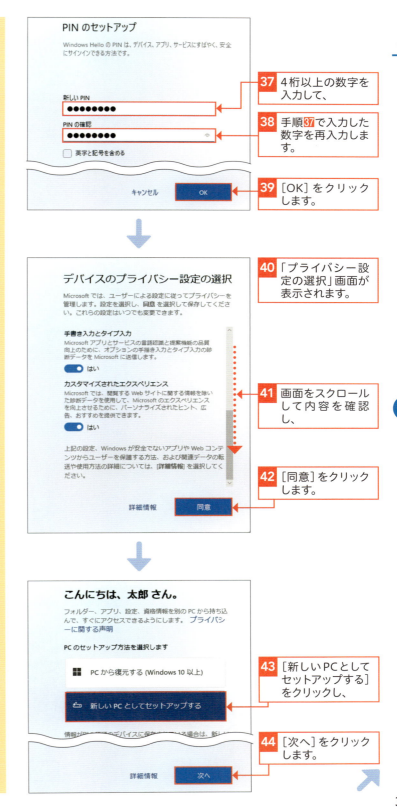

37 4桁以上の数字を入力して、

38 手順37で入力した数字を再入力します。

39 [OK]をクリックします。

40 「プライバシー設定の選択」画面が表示されます。

41 画面をスクロールして内容を確認し、

42 [同意]をクリックします。

43 [新しいPCとしてセットアップする]をクリックし、

44 [次へ]をクリックします。

補足
近日公開予定の機能が紹介された

右の手順45の画面の前に近日公開予定の新機能の紹介画面が表示される場合があります。この画面が表示されたときは、［次へ］をクリックして、手順45に進んでください。

45「エクスペリエンスをカスタマイズ」画面が表示されます。ここでは［スキップ］をクリックします。

46「PCからAndroid...」画面が表示されます。ここでは［スキップ］をクリックします。

ヒント
エクスペリエンスをカスタマイズ

右の手順45の画面は、マイクロソフトから送られるヒントや広告、推奨事項などで利用される情報の設定です。右の手順では、この設定をスキップしていますが、設定を行う場合は、興味のある項目のチェックボックスをオンにして、［承諾］をクリックします。

47「携帯電話の写真を...」画面が表示されます。ここでは［スキップ］をクリックします。

補足

取得済みのMicrosoftアカウントで設定する

Windows 11の初期設定を取得済みのMicrosoftアカウントで行いたいときは、294ページの手順で初期設定を進め、297ページの手順18の画面が表示されたら、取得済みのMicrosoftアカウントのメールアドレスを入力し、「次へ」をクリックして、画面の指示に従って設定を行ってください。

48 「常に最近の閲覧データ…」画面が表示されます。ここでは[今はしない]をクリックします。

49 「PC Game Passを…」画面が表示されます。ここでは[今はしない]をクリックします。

50 Windows 11のデスクトップが表示されます。

Section 84 パスワード再設定の方法を知ろう

ここで学ぶこと
- パスワード
- リセット
- Microsoft アカウント

Microsoft アカウントのパスワードを忘れてしまったときは、**パスワードのリセット**を行います。パスワードのリセットは、サインイン画面から行えます。サインイン画面では、パスワードのリセットのほか、PINの再設定も行えます。

1 Microsoft アカウントのパスワードをリセットする

解説

パスワードのリセット

Microsoft アカウントのパスワードのリセットを行いたいときは、右の手順で行えます。なお、パスワードのリセットには、本人確認が必須です。本人確認は、「本人確認用のコード」を用います。このコードは、セキュリティ情報として登録してある連絡用メールアドレスまたはSMS受信用の電話番号に対して通知されます。

ヒント

連絡用メールアドレスを登録している場合

本人確認用のセキュリティ情報として連絡用メールアドレスが登録されている場合、右の手順3の画面ではなく、[○○にメールを送信]と表示される場合があります。そのときは、[その他の確認方法を表示する]をクリックすると、SMSによる本人確認を選択できます。

1 サインイン画面で[PINを忘れた場合]をクリックします。

2 [パスワードを忘れた場合]をクリックします。

3 [○○にSMSを送信]をクリックします。

補足
本人確認用のコードについて

本人確認用のコードは、パスワードリセットに利用するパスワードのようなものです。[○○にSMSを送信]を選択した場合は、SMS（ショートメッセージサービス）で本人確認用のコードが通知されます。連絡用メールアドレスを選択した場合は、メールで本人確認用のコードが通知されます。

補足
クイズが表示された

手順5のあとにロボットではないことを証明するためのクイズが表示される場合があります。この画面が表示されたときは、画面の指示に従ってクイズに回答してください。ロボットでないことが確認されると、本人確認用のコードが送付され、手順6の画面が表示されます。

応用技
別の機器でリセットする

Microsoft アカウントのパスワードは、別のパソコンやスマートフォンなどを利用してリセットすることもできます。別の機器でリセットを行うときは、Webブラウザーでパスワードリセット用のURL（https://account.live.com/ResetPassword.aspx）を開き、画面の指示に従って操作することでパスワードをリセットできます。

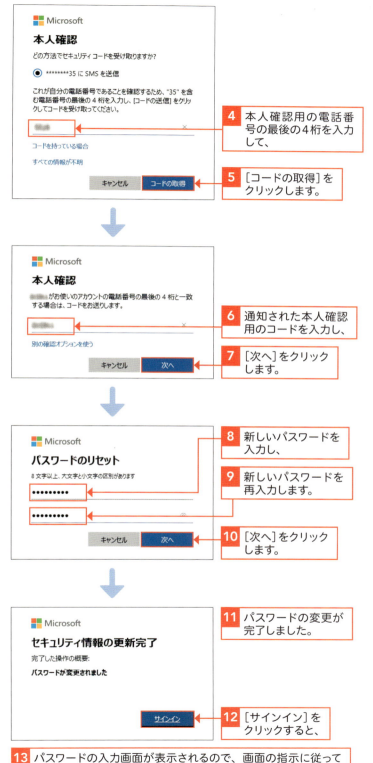

4 本人確認用の電話番号の最後の4桁を入力して、

5 [コードの取得]をクリックします。

6 通知された本人確認用のコードを入力し、

7 [次へ]をクリックします。

8 新しいパスワードを入力し、

9 新しいパスワードを再入力します。

10 [次へ]をクリックします。

11 パスワードの変更が完了しました。

12 [サインイン]をクリックすると、

13 パスワードの入力画面が表示されるので、画面の指示に従ってサインインを行ってください。

Section 85 Windows 11のSモードを解除しよう

ここで学ぶこと
- Sモード
- 解除
- Microsoft Store

Windows 11を搭載したパソコンは、「**Sモード**」と呼ばれるWindowsアプリのみを利用できる特別なモードで出荷されている場合があります。Sモードは無料で解除でき、**制限のないフル機能のWindows 11**にすることができます。

1 Sモードを解除する

解説

Sモードとは

Sモードとは、「Windows 11 Home」エディションに用意された制限付きの特別な動作モードで、「Windows 11 Home in S mode」とも呼ばれます。「Microsoft Store」から入手できるWindowsアプリのみがインストールでき、デスクトップアプリをインストールすることはできません。Sモードは右の手順で無料で解除できます。Sモードを解除すると、Windows 11 Homeエディションのフル機能を利用できます。

1 ■ をクリックし、

2 [設定]をクリックします。

3 [システム]をクリックし、

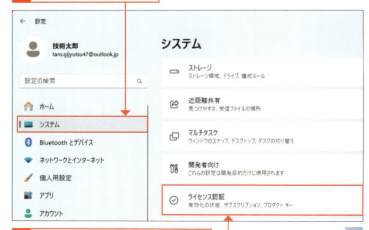

4 [ライセンス認証]をクリックします。

補足

製品名が変わる

Sモードが解除されると、Windows 11 の製品名が「Windows 11 Home in S mode」から「Windows 11 Home」に変更されます。

5 [Sモード]をクリックして、

6 [Microsoft Storeを開く]をクリックします。

7 「Microsoft Store」アプリが起動し、「Sモードから切り替える」ページが表示されます。

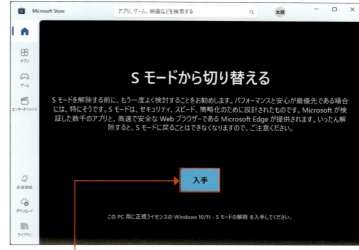

8 [入手]をクリックすると切り替えがはじまります。

9 Sモードがオフに設定されると、以下の画面が表示されます。

10 [閉じる]をクリックします。

Section 86 Windows 11のバージョンやエディションを確認しよう

ここで学ぶこと
・バージョン
・エディション
・機能更新プログラム

Windows 11を利用しているパソコンで発生しているトラブルの解決に欠かせない情報がWindows 11の**バージョン**や**エディション**などに関する情報です。これらの情報は、「設定」のバージョン情報で確認できます。

① Windows 11のバージョンやエディションを確認する

解説
Windows 11の仕様を確認する

Windows 11は、新機能の実装などを目的とした大型アップデートが年1回実施されており、これを適用するとWindows 11のバージョン番号が更新されます。また、個人向けに販売されているWindows 11には、搭載機能の違いによって「Homeエディション」と「Proエディション」があります。前者は個人や家庭向けの製品で、後者は企業でも利用できるより高機能な製品です。右の手順では、見た目ではわかりづらいWindows 11のバージョンやエディションを確認する手順を説明しています。

1 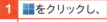をクリックし、

2 [設定]をクリックします。

補足
エディションとバージョン情報をコピーする

右の手順6の画面で［コピー］をクリックすると、エディションやバージョン、インストール日、OSビルド、エクスペリエンスなどの表示されている内容をコピーできます。また、コピーした情報は、メモ帳などに貼り付けて利用できます。

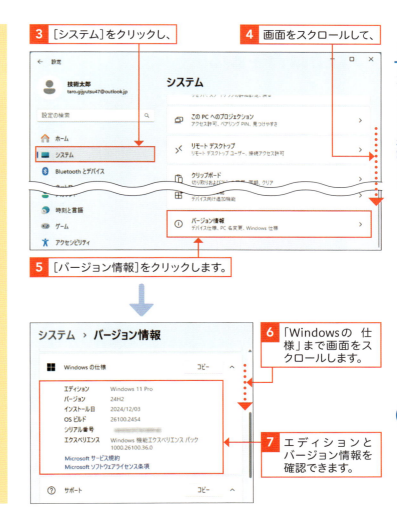

3 ［システム］をクリックし、

4 画面をスクロールして、

5 ［バージョン情報］をクリックします。

6 「Windowsの仕様」まで画面をスクロールします。

7 エディションとバージョン情報を確認できます。

 パソコン仕様を確認する

手順6の画面では、使用しているパソコンのデバイス名やプロセッサ（CPU）、搭載メモリの容量、タッチ機能のサポートの有無などの情報も確認できます。これらの情報は「デバイスの仕様」で確認できます。

309

用語解説

AI（Artificial Intelligence）アシスタント → 198ページ
AIとは、「人間による認識や理解をコンピューターに行わせ、知的生産物を生み出す技術」と考えられています。人工知能とも呼ばれ、AIアシスタントは、まさに我々に代わってさまざまな手助けをしてくれる機能を指します。

Bluetooth → 154、163、246ページ
デジタル機器で活用が進んでいる近距離の無線通信技術。マウスやキーボード、ヘッドホン、スピーカー、マイクなどのさまざまな機器をパソコンやスマートフォンに接続するために利用されています。電波到達範囲は、数mから10m程度の製品が多く、Bluetooth機器をパソコンで利用するには、ペアリングと呼ばれる作業が必要になります。

Microsoft Store → 216ページ
マイクロソフトがサービスとして提供している、Windows 10／11で利用できるアプリやマイクロソフト製品を入手するためのストアのこと。「Microsoft Store」アプリで利用できます。キーワード検索や、各カテゴリ、各種ランキングから探すことができ、無料アプリと有料アプリがあります。Microsoft Storeを利用するには、あらかじめMicrosoft アカウントを取得しておく必要があります。なお、配布されているWindows アプリの中には、有料であっても無料で試すことができるアプリも用意されています。

PIN → 22、276ページ
本人確認などを行うときに利用される認証方式の一種です。PINを認証要素の1つとして利用することで、セキュリティを高めることができます。たとえば、Windows 11のサインイン方法にPINを利用すると、仮にPINが漏えいしたとしても、実際のパスワードが漏えいするわけではありません。このため、パスワードを直接入力するよりも安全性の高い認証方法とされています。

USB（Universal Serial Bus） → 76、78ページ
コンピューター（パソコン）用に設計された周辺機器とコンピューターを接続したときにさまざまな情報のやり取りを行うためのデータ転送路の規格です。キーボードやマウス、外付け型のHDDやSSD、小型のデータ保存用の機器であるUSBメモリーなどをパソコンに接続するときに利用します。

Wi-Fi → 97ページ
Wi-Fiは、一定の限られたエリア内で無線を利用してデータのやり取りを行う通信網（ネットワーク）のこと。有線LANに比べ、通信ケーブルの取り回しがないことが特徴です。

Wi-Fiは、無線LANと同義と考えて問題ありません。

ZIP形式 → 72ページ
ファイルの容量をオリジナルのサイズよりも小さくして保存するための形式です。もとの内容を変更することなく、オリジナルのサイズを小さくすることを圧縮と呼び、ZIPはその形式の1つです。圧縮されたファイルをもとの状態に戻すことを、展開や解凍と呼びます。なお、Windows 11では、ZIPファイル以外にも、7zファイル（7zip）やTARファイルにも対応しています。

アカウント
→ 32、55、122、124、148、188、201、266、268ページ
パソコンやネットワーク上のサービスを利用するための権利の総称。特定の個人に対して何らかのサービスを提供する場合、本人かどうかを確認する必要があります。たとえば銀行口座では、口座番号と氏名、印鑑、暗証番号などの情報がアカウントとして利用されますが、パソコンやネットワーク上のサービスでは、ユーザー名とパスワードが利用されます。アカウントを登録することをユーザーを登録するまたはユーザーアカウントを登録するといいます。また、アカウントをユーザーアカウントと呼ぶこともあります。

アップデート → 219ページ
既存のソフトウェアに対して、小幅な改良や修正を加えて新しいソフトウェアに更新すること。Microsoft Storeで配布されているWindows アプリは、定期的に行われます。

インストール → 217ページ
OSやアプリをパソコンに導入する作業のこと。通常、アプリには、インストーラーと呼ばれる専用のインストールアプリが付属しており、このアプリを起動して画面の指示に従って操作を行うことでインストールを行います。インストールのことをセットアップと呼ぶこともあります。インストールされたアプリの削除は、アンインストールと呼びます。

キーボード → 18、46ページ
指でボタンを押すことによって文字を入力する機器。パソコンで文字を入力するときに利用します。画面上に表示されるソフトウェアのキーボードもあります。ソフトウェアによるキーボードは、タッチキーボードとも呼ばれます。

起動 → 22、34ページ
OSやアプリを利用できる状態にすること。たとえば、パソコンの電源を入れ、Windowsを利用できるようにすること

をOS（Windows）を起動するといいます。同様にアプリのアイコンをクリック（またはダブルクリック、タップ、ダブルタップ）して、アプリを表示して利用できる状態にすることをアプリを起動すると呼びます。

サインイン　　　　　　　　➡ 22ページ

サインインは、ユーザー名（メールアドレスなど）とPINやパスワード、顔認証などで身元確認を行い、さまざまな機能やサービスを利用できるようにすることです。ログイン、ログオンと呼ばれることもあります。また、サインインを取り消すことをサインアウトと呼びます。

ダウンロード　　　　　　　➡ 114ページ

インターネットなどのほかのネットワークからファイルなどのまとまったデータを受信すること。一般にインターネットからファイルを受信してパソコン内にそのファイルを保存することをダウンロードと呼んでいます。

タブレット　　　　　　　　➡ 29ページ

液晶画面と本体が一体化して薄い板状になっている情報機器（コンピューターやパソコンなど）。タブレットは、通常、画面を直接タッチすることで操作を行います。また、一部の機器では、キーボードを着脱することでタブレットとして利用できる場合もあります。

フォーマット　　　　　　　➡ 80ページ

HDDやSSD、USBメモリーなどのデータ保存用の機器をOSから読み書き可能な状態にするための作業。データ保存用の機器は、すでにこの作業が行われた状態で出荷されている場合と、そうでない場合があります。利用中の機器に対してフォーマットを実行すると、保存されていたデータはすべて消去されます。

インターネットサービスプロバイダー（ISP）
　　　　　　　　　　　　　　➡ 96ページ

インターネット上などでサービスを提供している事業者。一般にプロバイダーという場合は、インターネットへの接続サービスを提供するインターネットサービスプロバイダーのことを指します。また、Googleなどインターネット検索サービスを提供している事業者を検索プロバイダーと呼びます。

パスワード　　　➡ 22、98、151、272ページ

パソコンを利用する際には、安全のためにさまざまなシーンでパスワードの入力が求められます。パスワードとは、システムやアカウントにアクセスするための文字列や記号の組み合わせです。セキュリティを保護するためにも厳重に管理しておく必要があります。なお、近年ではパスワードの代わりに生体認証（顔認証など）が利用されるケースもあります。

復元　　　　　　　　　　　➡ 292ページ

システムやデータを以前の状態に戻すことを復元といいます。Windows 11では不具合が発生した際など、正常に動いていたときのシステムに戻す機能が備わっており、システムを復元することができます。ただし、ある特定の時点でのシステムの状態を保存した復元ポイントを作成しておく必要があります。

ペアリング　　　　　　➡ 156、163ページ

2つ異なる機器同士や機器とサービスなど、2つの情報を紐付ける作業のこと。たとえば、パソコンでBluetooth機器を利用するには、ペアリングを行う必要があります。

マウス　　　　　　　　➡ 16、242ページ

コンピューター（パソコン）の操作を行うための機器。1つ以上のボタンを備え、机の上を移動させることによって、画面上に表示された現在位置を示す目印を移動させてコンピューター（パソコン）の操作を行います。画面上に表示された現在位置を示す目印のことをマウスポインターと呼びます。また、マウスと同じように利用できる機器として、指でなぞって操作するタッチパッドと呼ばれる機器もあります。

ユーザー　　　　　　➡ 22、32、266ページ

商品やサービス、機器などを利用している人（利用者）。パソコンなどを使っている本人のこと。たとえば、Windows 11のユーザーという場合は、Windows 11がインストールされたパソコンを利用している人のことです。

ルーター　　　　　　　　　➡ 96ページ

ネットワーク上に流れるデータをほかのネットワークに中継し、異なるネットワークどうしを接続するために利用する機器。一般にルーターといったときは、家庭内に設置されるインターネット接続用のルーターのことを指します。インターネット接続用のルーターは、インターネットと家庭内で利用するネットワークの間に入り、データの中継を行います。インターネット側から送られてくるデータのうち、必要なデータのみを受け取って適切な家庭内の機器にそのデータを送ったり、不要なデータを破棄する機能を提供します。なお、屋外に持ち運んで利用することを前提とした小型の携帯ルーターはモバイルルーターと呼びます。

主なキーボードショートカット

Windows 11の豊富で多彩な機能の多くには、その機能にすばやくアクセスできるキーボードショートカットが割り当てられていることがあります。キーボードショートカットとは、マウスではなくキーボードを使って各種操作を実行する機能です。よく使うキーボードショートカットを覚えることで、作業効率が向上します。なお、メーカー製パソコンの中には、独自の機能をキーボードショートカットに割り当てていることがあるので、ここで紹介している内容とは異なる動作をする場合もあります。ご了承ください。

■ウィンドウの操作

内　容	キー操作
スタートメニューを表示する／非表示にする	⊞
仮想デスクトップを新規に作成する	⊞ + Ctrl + D
通知センターを表示する／非表示にする	⊞ + N
＜クイックリンク＞メニューを表示する	⊞ + X
検索ウィンドウを表示する（検索ボックスをアクティブ）	⊞ + S
「設定」画面を表示する	⊞ + I
タスクビューを表示する／非表示にする	⊞ + Tab
スナップでウィンドウを左へ移動する*	⊞ + ←
スナップでウィンドウを右へ移動する*	⊞ + →
スナップでウィンドウを全画面表示にする*	⊞ + ↑
スナップでウィンドウを非表示にする*	⊞ + ↓
スナップでウィンドウが左（あるいは右）にある場合、4分の1のサイズに変更する*	⊞ + ↑ ／ ⊞ + ↓
スナップで4分の1のサイズのウィンドウをもとのサイズ（2分の1）に戻す*	⊞ + ↑ ／ ⊞ + ↓

＊1つのアプリだけを起動し、ウィンドウを開いている状態。

■ファイルの操作

内　容	キー操作
すべてを選択する	Ctrl + A
コピーする	Ctrl + C
切り取る	Ctrl + X
貼り付ける	Ctrl + V
操作をもとに戻す	Ctrl + Z
もとに戻した操作をさらにもとに戻す	Ctrl + Y
選択しているファイルを削除する	Delete

選択しているファイルを開く	Enter
選択しているファイルを完全に削除する	Shift + Delete
印刷する	Ctrl + P
上書き保存する	Ctrl + S

■ Microsoft Edge の操作

内　容	キー操作
画面を上にスクロールする	↑
画面を下にスクロールする	↓
最後のタブに切り替える	Ctrl + 9
新しいタブを開く	Ctrl + T
表示しているページで検索を行う	Ctrl + F
履歴を開く	Ctrl + H
閲覧中のページをお気に入りに追加する	Ctrl + D
新しいタブを現在のタブで開く	Alt + Home
タブを複製する	Alt + D + Enter
ブラウザーの新しいウィンドウを表示する	Ctrl + N
現在のタブを閉じる	Ctrl + W
Copilotのサイドバーを開く	Ctrl + Shift + .

■そのほかの操作

内　容	キー操作
エクスプローラーのアドレスバーを選択する	Alt + D
ウィンドウを切り替える	Alt + Tab
エクスプローラーを開く	⊞ + E
エクスプローラーのプレビューを表示する／非表示にする	Alt + P
エクスプローラーで検索ボックスを選択し、入力する	Ctrl + E
新しいウィンドウを開く	Ctrl + N
新しいフォルダーを作成する	Ctrl + Shift + N
現在のエクスプローラーを閉じる	Ctrl + W
デスクトップで表示しているウィンドウをすべて最小化する／復元する	⊞ + D
ウィジェットを表示する	⊞ + W
スナップレイアウトを表示する	⊞ + Z

ローマ字入力対応表

パソコンを利用するうえで、文字入力は欠かせません。本書では第2章でその操作方法を解説していますが、1つの文字に対するローマ字入力方法は複数ある場合もあります。ここではローマ字入力における対応表を掲載しています。参考にしてください。

五十音

あ	い	う	え	お
a	i (yi)	u (wu) (whu)	e	o
か	き	く	け	こ
ka (ca)	ki	ku (cu) (qu)	ke	ko (co)
さ	し	す	せ	そ
sa	si (shi)	su	se (ce)	so
た	ち	つ	て	と
ta	ti (chi)	tu (tsu)	te	to
な	に	ぬ	ね	の
na	ni	nu	ne	no
は	ひ	ふ	へ	ほ
ha	hi	hu (fu)	he	ho
ま	み	む	め	も
ma	mi	mu	me	mo
や		ゆ		よ
ya		yu		yo
ら	り	る	れ	ろ
ra	ri	ru	re	ro
わ		を		ん
wa		wo		nn (xn)

濁音／半濁音

が	ぎ	ぐ	げ	ご
ga	gi	gu	ge	go
ざ	じ	ず	ぜ	ぞ
za	zi (ji)	zu	ze	zo
だ	ぢ	づ	で	ど
da	di	du	de	do
ば	び	ぶ	べ	ぼ
ba	bi	bu	be	bo
ぱ	ぴ	ぷ	ぺ	ぽ
pa	pi	pu	pe	po

拗音／促音

あ	い	う	え	お
xa (la)	xi (li) (lyi) (xyi)	xu (lu)	xe (le) (lye) (xye)	xo (lo)
や		ゆ		よ
xya (lya)		xyu (lyu)		xyo (lyo)

ローマ字入力対応表

		っ xtu (ltu)		
うぁ wha	うぃ whi (wi)		うぇ whe (we)	うぉ who
ヴぁ va	ヴぃ vi	ヴ vu	ヴぇ ve	ヴぉ vo
きゃ kya	きぃ kyi	きゅ kyu	きぇ kye	きょ kyo
ぎゃ gya	ぎぃ gyi	ぎゅ gyu	ぎぇ gye	ぎょ gyo
くぁ qwa (qa)	くぃ qwi (qi) (qyi)	くぅ qwu	くぇ qwe (qe) (qye)	くぉ qwo (qo)
ぐぁ gwa	ぐぃ gwi	ぐぅ gwu	ぐぇ gwe	ぐぉ gwo
しゃ sya (sha)	しぃ syi	しゅ syu (shu)	しぇ sye (she)	しょ syo (sho)
じゃ zya (ja) (jya)	じぃ zyi (jyi)	じゅ zyu (ju) (jyu)	じぇ zye (je) (jye)	じょ zyo (jo) (jyo)
すぁ swa	すぃ swi	すぅ swu	すぇ swe	すぉ swo
ちゃ tya (cha) (cya)	ちぃ tyi (cyi)	ちゅ tyu (chu) (cyu)	ちぇ tye (che) (cye)	ちょ tyo (cho) (cyo)
ぢゃ dya	ぢぃ dyi	ぢゅ dyu	ぢぇ dye	ぢょ dyo
つぁ tsa	つぃ tsi		つぇ tse	つぉ tso
てゃ tha	てぃ thi	てゅ thu	てぇ the	てょ tho
でゃ dha	でぃ dhi	でゅ dhu	でぇ dhe	でょ dho
とぁ twa	とぃ twi	とぅ twu	とぇ twe	とぉ two
どぁ dwa	どぃ dwi	どぅ dwu	どぇ dwe	どぉ dwo
にゃ nya	にぃ nyi	にゅ nyu	にぇ nye	にょ nyo
ひゃ hya	ひぃ hyi	ひゅ hyu	ひぇ hye	ひょ hyo
びゃ bya	びぃ byi	びゅ byu	びぇ bye	びょ byo
ぴゃ pya	ぴぃ pyi	ぴゅ pyu	ぴぇ pye	ぴょ pyo
ふぁ fa (fwa)	ふぃ fi (fwi) (fyi)	ふぅ fwu	ふぇ fe (fwe) (fye)	ふぉ fo (fwo)
ふゃ fya		ふゅ fyu		ふょ fyo
みゃ mya	みぃ myi	みゅ myu	みぇ mye	みょ myo
りゃ rya	りぃ ryi	りゅ ryu	りぇ rye	りょ ryo

索引

英数字

24H2	74, 86
7Zip	73
Administrator	266, 271
AI アシスタント	198
Android	144, 148
BCC	127
BD-R	88
Bluetooth	154, 163, 246
BSSID	97
Caps Lock	53
CC	127
CD-R	88
Copilot in Windows	198
Copilotアプリ	202, 206
Copilotペイン(Microsoft Edge)	208
DVD-R	88
DVDビデオ(市販)	91
FW:	129
iCloud	160
Image Creator	188
IMAP	125
iPhone	158, 162
iTunes	161, 217
Microsoft Clipchamp	190
Microsoft Edge	102, 208
Copilot	103
新しいタブ	103, 106
お気に入り	103, 110
お気に入りバー	110
更新	103
このページをお気に入りに追加	103
このページを音声で読み上げる	103
サイドバー	84
設定	103
タブ操作メニュー	103
戻る／進む	103
Microsoft Family Safety	268
Microsoft IME	56
Microsoft IME ユーザー辞書ツール	55
Microsoft Storeアプリ	216
Microsoft Teams	250

Microsoft アカウント	294, 303
OneDrive	82
Outlook for Windows	122
Outlook.com	122, 142
PIN	22, 23, 276
Premiumプラン	190
RE:	128
SDメモリーカード	77
SMS	166
SMTP	125
Snipping Tool	224
SSID	97
Sモード	306
tar	73
USB HDD	76
USBハブ	77
USBポート	77
USBメモリー	76
Wi-Fi	97
Windows 11 Home in S mode	281, 306
Windows Update	286
Windowsセキュリティ	99, 280
Windowsバックアップ	86

あ行

アカウントの種類の変更	271
アクティブウィンドウ	42
アクティブ時間	287
圧縮	72
アップデート	219
アップロード	85
アプリの起動ボタン	24
アルファベットの入力	52
アンインストール	
アプリ	220
更新プログラム	289
標準アプリ	220
一時停止(更新プログラム)	288
色変更(マウスポインター)	243
印刷	236
インストール(アプリ)	217
ウイルス検査	282

316

エクスプローラー
　新しいウィンドウで開く ……………………… 65
　アドレスバー ……………………………………… 63
　最新の情報に更新 ……………………………… 63
　ステータスバー ………………………………… 63
　タイトルバー …………………………………… 63
　タブ …………………………………………… 63, 64
　ツールバー ……………………………………… 63
　ナビゲーションウィンドウ …………………… 63
閲覧
　PDF …………………………………………… 116
　Webページ ……………………… 104, 106, 111
　写真の閲覧(Android) ……………………… 170
　写真の閲覧(フォトアプリ) ………………… 180
　メール ………………………………………… 123
エディション ……………………………………… 309
絵文字 ……………………………………………… 53
絵文字ピッカー …………………………………… 53
大文字 ……………………………………………… 53
音楽CD …………………………………………… 172
音楽CDの取り込み ……………………………… 172
音楽ファイル(転送) …………………… 147, 161
音声通話 ………………………… 154, 168, 256
音声入力 ………………………………………… 238

か行

顔認証 ……………………………………………… 272
顔文字 ……………………………………………… 53
書き込み …………………………………………… 88
拡大／縮小
　アプリ／文字 ………………………………… 240
　拡大率 ………………………………………… 241
　写真 …………………………………………… 180
　マウスポインター …………………………… 242
画像生成 ………………………………… 204, 211
仮想デスクトップ ………………………………… 43
傾き ……………………………………………… 183
かな入力 …………………………………………… 48
カメラアプリ ……………………………………… 176
カメラのオン／オフ(ビデオ会議) ………… 257
カレンダー ………………………………………… 27
漢字変換 …………………………………………… 50
管理者 …………………………………………… 266

キーとタッチのカスタマイズ ………………… 60
キーボードショートカット …………………… 232
既定のアプリ …………………………………… 196
起動
　Copilot in Windows ……………………… 198
　Microsoft Edge …………………………… 102
　Microsoft Store …………………………… 216
　Outlook for Windows ……………………… 122
　Windows 11 ………………………………… 22
　アプリ ………………………………………… 34
　エクスプローラー …………………………… 62
　カメラアプリ ………………………………… 176
　フォトアプリ …………………………… 178, 196
　メディアプレーヤー ………………………… 172
　メモ帳 ………………………………………… 46
強制切断 …………………………………………… 31
許可(ビデオ会議) …………………………… 264
曲の再生 ………………………………………… 174
均等配置(ウィンドウ) ………………………… 38
クリップボード ………………………………… 234
グループ ………………………………………… 254
グループチャット ……………………………… 254
グループ通話 …………………………………… 256
検索
　Microsoft Edge(アドレスバー／検索ボックス)
　　…………………………………………… 103, 108
　Webページ ………………………………… 108
　アプリ ………………………………………… 36
　エクスプローラー(検索ボックス) ……… 63, 94
　閲覧履歴(Webページ) …………………… 112
　検索キーワード ……………………………… 37
　スタートメニュー(検索ボックス) ………… 37
　タスクバー(検索ボックス) …………… 94, 109
　ファイル ……………………………………… 94
　メール ………………………………………… 134
光学ドライブ …………………………………… 172
更新プログラム ………………………………… 287
個人用 …………………………………………… 297
個人用設定 ……………………………………… 244
コピー
　USBメモリー／ USB HDD ………………… 78
　ドラッグ＆ドロップ ……………………… 69, 79
　ファイル ……………………………………… 68
ごみ箱 …………………………………………… 71

317

コンテンツの要約 ……………………… 214

さ行

再生(ビデオ) ……………………………… 194
最大化(ウィンドウ) ………………………… 39
サインアウト ………………………………… 32
サインイン …………………………………… 22
サインイン(顔認証) ……………………… 272
削除
　　ウィジェット …………………………… 223
　　ウイルス ………………………………… 283
　　閲覧履歴 ……………………………… 113
　　単語 ……………………………………… 55
撮影モード ……………………………… 177
参加(ビデオ会議) ……………………… 262
参加者(ビデオ会議) …………………… 259
システムの保護 ………………………… 290
自動作成(ビデオ) ……………………… 190
写真の分析 ……………………… 206, 212
シャットダウン ……………………………… 30
終了(Windows ／アプリ) ………… 30, 59
終了(仮想デスクトップ) …………………… 43
受信 ……………………………………… 127
受諾(Microsoft Teams) ……………… 252
手動アップデート ……………………… 286
招待
　　Microsoft Family Safety ………… 267
　　Microsoft Teams ………………… 251
　　グループチャット ……………………… 255
　　ビデオ会議 …………………………… 259
初期設定 ………………………………… 294
職場または学校用 ……………………… 297
署名 ……………………………………… 127
新規作成(フォルダー) ……………… 66, 67
垂直タブバー …………………………… 106
スクリーンショット ……………………… 224
スタートボタン …………………………… 24
スタートメニュー ………………………… 25
スタイル(ビデオ) ……………………… 192
スナップグループ ………………………… 41
スナップレイアウト ……………………… 38
スペース ………………………………… 49
スマートフォン連携アプリ ……… 148, 154, 162, 166

スライドショー …………………………… 245
スリープ …………………………………… 28
スレッド ………………………………… 123
セキュリティ インテリジェンス ………… 281
設定 ……………………………………… 26
全角英数字 ……………………………… 51
全角カタカナ …………………………… 51
送信 ……………………………………… 126

た～な行

退出(ビデオ会議) ……………………… 264
タイマー(スクリーンショット) ………… 227
ダウンロード
　　OneDrive ……………………………… 85
　　ファイル ……………………………… 114
　　履歴 ………………………………… 115
タスクバー ………………………… 24, 35
タスクビュー …………………………… 42
タッチキーボード …………… 47, 50, 52, 53
単語の登録 ……………………………… 54
着信(ビデオ通話／音声通話) ……… 257
追加書き込み …………………………… 92
通知 …………………………… 155, 157
通知センター …………………………… 27
通知履歴 ……………………………… 169
停止期間の変更(更新プログラム) …… 288
手書き(PDF) …………………………… 118
テキストアクション ……………………… 230
デスクトップ ……………………………… 24
デスクトップ(背景) ……………………… 244
展開 ……………………………………… 74
転送
　　Android →写真 …………………… 144
　　iPhone →写真 ……………………… 158
　　音楽ファイル→ Android ………… 147
　　音楽ファイル→ iPhone …………… 161
　　メール ……………………………… 129
添付 ……………………………………… 131
添付ファイル(送信) …………………… 130
電話を受ける／かける ………………… 168
動画保存(Snipping Tool) ……………… 228
取り出し処理 …………………………… 91
取り外し(USBメモリー／ USB HDD) …… 80

318

トリミング ……………………………… 183	ペアリング ………………………… 156, 163
日本語 IME ……………………………… 46	変換候補 ………………………………… 50
日本語 IME のオン／オフ ……………… 46	編集(写真) ……………………………… 182
ネットワークセキュリティキー ……… 98	返信 …………………………………… 128
ネットワークプロファイル …………… 284	ホーム ………………………………… 26
	保存

は行

バージョン …………………………… 309	OneDrive …………………………… 82
バージョン情報 ……………………… 290	PDF ………………………………… 119
背景 …………………………… 261, 263	上書き保存／名前を付けて保存 …… 58
背景のぼかし ………………………… 184	写真(画像) ………………………… 187
ハイパーリンク ……………………… 260	添付ファイル ……………………… 131
ハイライト表示 ……………………… 117	動画(Snipping Tool) ……………… 224
パスワード ……………………… 23, 98	ファイル …………………………… 58
パスワードのリセット ……………… 304	本人確認用コード …………………… 305
パスワードレス ……………………… 278	

ま行

パスワードレス ……………………… 278	マスター ……………………………… 92
パソコン名称 ………………………… 296	右クリック …………………………… 44
パブリックネットワーク …………… 285	ミニプレーヤー ……………………… 174
半角英数字 …………………………… 51	無効(パスワードレス) ……………… 279
半角カタカナ ………………………… 51	無線 LAN …………………………… 97
ピクチャ ……………………………… 160	迷惑メール(報告／解除) ……… 132, 133
ビデオ会議 …………………………… 258	メールアカウント …………………… 124
ビデオ通話 …………………………… 256	メッセージ(送信) …………………… 253
ビデオライブラリ …………………… 195	メッセージ(返信) …………………… 253
ピン留め	メディアプレーヤーアプリ ……… 172, 194
タスクバー／スタートメニュー(アプリ) ……… 44, 45	戻る／進む／1つ上に移動 ………… 63
タブ …………………………… 107	

や～ら行

ピン留め済み ……………………… 25	
ピン留めを外す …………………… 45	ユーザーアカウント ………………… 266
ファイル／フォルダー(移動) ……… 70	有線 LAN …………………………… 96
ファイルサイズ ……………………… 73	要約生成 ……………………………… 214
ファイル転送 ………………………… 145	容量(OneDrive) …………………… 83
ファミリーメンバーの管理 ………… 270	予測入力 ……………… 48, 50, 57, 104
ファンクションキー ………………… 51	ライブファイルシステム …………… 89
フィルムストリップ ………………… 181	リスタイル …………………………… 185
フォーマット(USBメモリー／ USB HDD) …… 80	履歴(チャット) ……………………… 201
フォトアプリ ………………… 178, 188	リンク(Web ページ) ………………… 105
復元ポイント ………………………… 292	連絡先 …………………………… 138, 140
復帰 …………………………………… 29	ローマ字入力 ………………………… 48
プライベートネットワーク ………… 285	ロック画面 …………………………… 23
プレイリスト ………………………… 175	
文章生成(Copilot in Windows) …… 202	
文章生成(Microsoft Edge) ………… 210	

お問い合わせについて

本書に関するご質問については、本書に記載されている内容に関するもののみとさせていただきます。本書の内容と関係のないご質問につきましては、一切お答えできませんので、あらかじめご了承ください。また、電話でのご質問は受け付けておりませんので、必ずFAXか書面にて下記までお送りください。
なお、ご質問の際には、必ず以下の項目を明記していただきますようお願いいたします。

1 お名前
2 返信先の住所またはFAX番号
3 書名（今すぐ使えるかんたん　Windows 11 2025年最新版 Copilot対応）
4 本書の該当ページ
5 ご使用のOSとソフトウェアのバージョン
6 ご質問内容

なお、お送りいただいたご質問には、できる限り迅速にお答えできるよう努力いたしておりますが、場合によってはお答えするまでに時間がかかることがあります。また、回答の期日をご指定なさっても、ご希望にお応えできるとは限りません。あらかじめご了承くださいますよう、お願いいたします。

問い合わせ先

〒162-0846
東京都新宿区市谷左内町21-13
株式会社技術評論社　書籍編集部
「今すぐ使えるかんたん　Windows 11 2025年最新版 Copilot対応」質問係
FAX番号　03-3513-6167

https://book.gihyo.jp/116

■お問い合わせの例

FAX

1 お名前
　技術　太郎
2 返信先の住所またはFAX番号
　03-XXXX-XXXX
3 書名
　今すぐ使えるかんたん
　Windows 11 2025年最新版
　Copilot対応
4 本書の該当ページ
　180ページ
5 ご使用のOSとソフトウェアのバージョン
　Windows 11 Pro
　「フォト」アプリ
6 ご質問内容
　手順2の操作をしても、手順3の画面が表示されない

※ご質問の際に記載いただきました個人情報は、回答後速やかに破棄させていただきます。

今すぐ使えるかんたん Windows 11
2025年最新版 Copilot対応

2025年1月11日　初版　第1刷発行

著　者●北川達也＋オンサイト
発行者●片岡　巌
発行所●株式会社 技術評論社
　　　東京都新宿区市谷左内町21-13
　　　電話　03-3513-6150　販売促進部
　　　　　　03-3513-6160　書籍編集部

装丁●田邉 恵里香
本文デザイン●ライラック
編集／DTP●オンサイト
担当●矢野 俊博
製本／印刷●株式会社シナノ

定価はカバーに表示してあります。

落丁・乱丁がございましたら、弊社販売促進部までお送りください。交換いたします。
本書の一部または全部を著作権法の定める範囲を超え、無断で複写、複製、転載、テープ化、ファイルに落とすことを禁じます。

©2025　技術評論社

ISBN978-4-297-14704-4 C3055
Printed in Japan